自分で考える

集団的自衛権

若者と国家

柳澤協二

青灯社

自分で考える集団的自衛権

――若者と国家

装丁　眞島和馬

目次

1 第一歩からの安全保障

私が今、何をしなければいけないと考えているか、それをまずお話ししましょう。自分の子供たちも含めて、最近の若い世代の人たちを見ていると、仕事はとても一生懸命、熱心にやっていても、基本的には相対的に低賃金です。私も最初に役所に入ったときは低賃金でしたが、毎年ベースアップがあり、年功序列で賃金が上がっていくようになっていました。いっぽう現在では、例えば私の子供の一人が続けている介護の職場では、仕事にやりがいを感じていても、将来の見通しも立たない状況ですから、やはりいろいろな悩みを抱えているようなのです。それをどう処理していったらいいのか、結構一人で悩んでいるなという感じがします。愚痴を聞いてやるというのも一つのケアかもしれません。しかし私の感じから言うとむしろ、そこで物事を考える筋道というのをひとつ提示してやることが、非常に重要なのではないでしょうか。やはり、基本的には自分の力で解決していかなければいけない問題なのですから。

最近よくいわれる「若者の右傾化」という傾向についても、議論というよりも感情的な、その場限りのリアクションで満足しているような、非常にせつな的な反応のように感じられます。「ニコニコ動画」というメディアで話していると、発言に対する様々な書き込みが無数に画面の右から左に動いていく。私は、年齢のせいか動体視力が落ちているのでほとんど読めませんが、たまに目に留まった書き込みを見て感じるのは、それらは私の発言の意味をとらえて反応するのではなく、最後に発した単語に反応している。例えば、「防衛の構えは必要だが、争いが拡大しないように話し合いを続けることが大切だ」という発言に対して、「防衛力はいらないのか?」という書き込みが流れる。つまり、人の意見を受けとめて理解したうえで反論するのではなく、気に入らない言葉があればそれに反応している。

もちろん、主張に好き嫌いがあってもいいのですが、きらいなものは最初から受け付けず、言葉が本来持っている論理の力ではなく、大量の悪口によって叩き潰そうというやり方のように思えます。ちょうどそれは、テレビゲームで「敵」が出てくると猛烈な速さでボタンを連射してやっつける光景を見ているようです。

しかし、そういったものは決して本質的な満足にはならない、だからいろいろな対象物があるたびにそのような反応をしていく——。こうした形でひとつの思考が固まっていってしまうのは、彼個人にとっても不幸なことだし、彼らが今後支えていく日本という国にとっても非常に不幸なことでしょう。そのような敵・味方や好き・嫌いをもとに、やっつける姿勢でのぞむディベートは、相手の主張がどうして出てくるのかを理解したうえで自分の論拠を示して反論し、相手の考え方を変えようとする、あるいは場合によっては自分の意見が足りないところを発見していくような「ディスカッション」とは全く別物で、相手をやっつける快感や、やられる挫折感はあっても、自分の心に残るものがない。特に、最近の傾向で言うと、中国・韓国との関係などは、もうほとんど感情的な対立です。このようなものをどのように解きほぐしていって、何を目標にするかということを、一歩引いた大人の見方でもって整理してやる必要があるのではないか。それは、自分の人生にとっても国の生き方にとっても、とても大切なことだと思います。それは、一言で言えば「自己実現」ということですが、その目標や道筋を決めるのが人生観であり、国であれば国家像・国家戦略につながっていくからです。この本は基本的にそのような趣旨で、それをひとつの共通した、一貫したテーマとしてお話をさせていただきたいと思っています。

私は、どのような世界、どのような国が必要かといえば、そこに暮らす個人が、金持ちでも貧乏でも、学歴があってもなくても、それぞれ自分の目標を持ってそれを実現できるような国、世界であってほしいと思います。そのために最も必要な条件は何かといえば、意見の違いや肌の色の違いなど、様々な違いがあることを認め合うこと、少なくともそれを変えることを強制されないことだと思います。その意味で、やはり安全保障ということが、重要なポイントになってくる。自分も他から強制されない、他を強制しない、そういう世界をどのように作っていくか、それが安全保障の本質だからです。

国民が国を自分のものだと思うかどうか

最初に、「安全保障とは何か」というお話をしたい。安全保障というと、非常に難しい専門用語が出てくるものと思われるかもしれません。たとえばテレビ番組でも、出てくる言葉ひとつひとつに解説のフリップが必要になったり、街頭インタビューを聞いても「え？それ、何なんですか」というような反応が返ってきたりします。確かに最低限の知識は必要だが、ではそれを知らなければ安全保障を考えられないのかというとそうではなくて、基本は、人間として生きていくための常識的な知恵や生きざまといったものを、国に置き換えて考えていくということでいいと思うのです。

ただ、そのときに、考えを導くためのベースになるような命題は、幾つか持っていなければいけないでしょう。私は、自分自身がそうだなと感じられる一番重要なポイントということで、福沢諭吉の『学問のすゝめ』の中にある「一身独立して一国の独立あり」という言葉を、新聞のコラムでも何度か、座右の銘として使わせていただきました。この福沢諭吉の本は、要するに、「なぜ国民は学問をしなければいけないのか」ということを書いています。そのひとつの例示として、国を守るということを引き合いに出し、次のようなことを言っています。仮に一〇〇〇人の賢い人たちがいて一〇〇〇万人の愚かな民を治めるような国を考えてみると、治めることは簡単だが、その民は、その国は一握りの支配者の国であって自分の国だとは思わないだろう。だからその国が侵されても、彼らは自分たちの国を守るという意識は持てない。そうではなくて、国民が基本的な学問を身につけて、国を自分のものだと考えるようにしなければ国を守れない。ここで言っている「一身独立」は、経済的な意味もあるかもしれませんが、やはり、自分の思想的なベースにおいて独立するということだと思うのです。それをもって国というものを考えることが、結局は国を独立させ、国を守ることにつながるというのがこの言葉の趣旨だと、私は理解しています。

したがって、やはり国の問題を自分の問題として、自分が国について考えるための一つの軸を持つこと、そのために勉強をするということが、非常に大きな学問の目的なのでしょう。やはり知識というものはどうしても必要になる。だから、この言葉はその動機づけとして重要なのだろうと思うのです。

これはやや脱線ですが、今、安倍内閣がやっていることの中に、安保の面での様々な見直しの他に、教育制度をいじろうとしているということがあります。ただ、教育の目的とは何かというと、この福沢の思想を敷延して言えば、国民が国を自分のものだと思うようになることなのです。それは、単純な愛国心といったような話ではない。愛国心などというものは別に勉強して学ぶべき対象ではない――それはもちろん持っていていいのだけれども。やはり学問の目的とは、国が自分のものであるということ、もっと社会科的に言えば「国民主権」ですが、自分たちが国のあるじであるという立場で、自分の国が今置かれている状況や、自分の国がやっていることについて、健全な批判精神を持てるかどうか、そのために必要な基礎知識を身につけることが、学問、特に高等教育の一番大きな目的だと思うのです。

その視点から見た場合、幼稚園レベルでは何をやっているか。私の孫が今、幼稚園ですが、一言で言えば、「自分がやられて嫌なことを人にやっちゃだめですよ」という教育を受けているのです。彼らはそれはそれで非常に素直に吸収しているようですが、道徳の最低限のレベルはそこだと私は思います。

こういったことは、実は孔子の言葉にもあるのです。「己の欲せざる所を他に施すことなかれ」というものです。私は、昔よく中国人と議論したとき、「孔子の言葉でこういうのを知っているか。あんたたちがやっていることは違うだろう」と言っていたのですが。今、安倍首相がやっていることを見ていると、たとえば靖国参拝などにしても、道徳教育にいちばん熱心な内閣のわりには、他の国が嫌がると分かりきっていることを平気でやっているのです。

なぜ幼稚園段階でそのような教育が必要かといえば、三歳四歳の幼い子供たちには、自我が出てきます。自我が出てきて、自己主張が出てきて、自分が何をやりたいかということが出てくるのです。そして、それをそのとおり実現しようとしてしまうわけです。だがそこには一定のルールというものがあって、お互いにその自己主張がぶつかったときに、相手が嫌な思いをしないように、そこは自分の自己主張を抑えること、そういう形で自分を実現することを教えているのだと思うのです。

だから、そのように各段階において教育の目標があって、最終的に高等教育の段階では、自分の国が本当にこれでいいのだろうか、という問いかけとなるのです。それは個人に置き換えても同じだと思うのです。自分のやっていることが一〇〇パーセント正しいなどということは、経験則上ありえない。だから、自分のやっていることのどこかに問題があるのではないかということを知るための手段としても、自分の知識や対人関係の経験が役に立つ。それを国に置き換えて、自分の国がやっていることが一〇〇パーセント正しいという目で見るのではなく——それは正しければそれでいいけれど——どこに問題があるのかということを、絶えずきちんと自分なりに判断できるようにしていかなければいけない。その意味で、教育は実は非常に重要です。よく、「右」の立場の人でも、国防の基本はまず教育だと言う。その言葉に関する限りは、そのとおりだと思います。ただ、それは盲目的な国への服従ということではない。ルールを教え、自分を、あるいは自分の国を客観的に見るための視点を与えていくのが教育です。それが健全に機能して初めて、個人が思想的・人格的に独立し、そしてそのような人たちが健全な民主主義を行うことによって、国が独立していくというプロセスがあるのではないでしょうか。

本質は何かを見きわめる

そこで、私が安全保障の一番基本的なキーワードと考えるのは、「戦略」です。戦略というのは、一言で言えば、ある目標を設定し、その目標を達成するための大きな道筋を考えていくことです。その目標を立てるにあたっては、いろいろな価値判断やその時代の雰囲気のようなものが出てくるし、あるいはまた、自分の力の及ぶ範囲についても、みんな暗黙のうちに考えながら目標を立てます。その暗黙のうちに考えている部分とは何かというと、実はそれが、人間で言えば自分自身についての自己認識の問題であり、国で言えば国家像の問題だと思うのです。どのような国であるのか、どのような国でありたいのか、だからこのような目標を立てて、それをこのような形で実現していくのだ――という流れで、戦略というものはできていく。だからここでも、それほど難しい横文字や専門用語を知らなくても、みんなが日常的に、常識的にそのようなプロセスで頭の中で考えて生きているはずで、そのようなものだということを理解してもらいたいのです。

その際、それが正しい、あるいは適切な戦略であるためには、自分の立てた目標なり、それを妨げている要因なりが何かということを考えていくことになりますが、そこに存在する問題の本質を捉えなければなりません。個人の場合と同様、そこにいろいろな形でじゃまが入ってくるわけですが、そのときに、目に見える、現に現れたものに対して、いちいちその場その場で反応していくことは、戦略とは言えないのです。そうではなく、裏にある本質は何かということを捉えて、ならばこの程度のことは我慢しておこうとか、この道筋をたどるとこのようなじゃまが入るから違う道筋を取るようにしよう、というようなことを考えていく作業が、適切な戦略にとっては必要です。これは人生の目標達成でも同じことです。そのために自分がどのような力を身につけていけばよいかといったことも、そこに入ってくるわけです。

孫子という古代中国の戦略思想家に、「彼を知り己を知れば百戦して殆《あや》うからず」という有名な言葉があります。これは要するに、敵と自分の長所・短所を分析するということです。そうすることによって、わざわざ相手の強いところに挑んで危険を冒す必要がなくなる。勝てないまでも、負けることはなくなるわけです。ただ、敵を見ることは比較的たやすいのですが、大事なことは自分を知ることなのです。これが結構難しい。敵や相手というのは外から客観的に見えるから、敵を知ることはある程度分かりやすい。しかし自分というものを客観的に見るのはなかなか難しいのです。

だから、人生でもうまくいかないときというのは大抵、己が高望みをしているのか、己の能力を超えた目標を設定するか、あるいは、己の能力を低く見すぎて努力を怠るか、というパターンになると思います。国の戦略でも同じことで、その「己を知る」というところがいわゆる戦の要諦です。そのことは別に何も難しいことではないでしょう。そこを分かっていただきたいのです。実践は難しいけれども、物事の仕組みはそれほど難しいことではないのです。

したがって、相手が妨害してきたとき、少なくとも今日本と中国がお互いにやっているように、売り言葉に買い言葉でやたら相手を非難し合ったり、とにかく相手よりも強くなるのだとお互いに頑張り合ったりしていること、そのようなことは本当の意味で言えば戦略でも何でもない。どこからそのような事態が来ていて、そして自分はどこまで強くなれるかということを見極めたうえで、しからばどのような形でこの国とおつきあいしていくかを考える、それが「戦略」だと思います。

負けるが勝ち

それに関連して、ついでにもう一つ言えば、安全保障というものは、基本的に国と国との間の対立が戦争になるかもしれないという前提で作られる思考プロセスです。国と国とがけんかしないのであれば、安全保障も何も要らない。しかし、やはり現実の問題として、国どうしがぶつかることはありうるということを前提としているのです。ではそこで、相手に勝つというのは、一体どのようなことなのだろうということになります。

これについても個人のレベルで言うと、うちの孫が受けていた幼児の教育プログラムの訓練の中で、「負けるが勝ちよ」ということを先生がおっしゃるらしい。それで、「じいじ、ちょっとここで僕と勝負しよう」というようなことを言ってきたので、「そうか、負けるが勝ちなんだな。じゃあ、こうやって、じいじが勝っちゃうからね」と言って、私が勝ってしまいます。それで「よかったね。これで、負けたから君、勝ったんでしょ」と言ってやると、やはり悔しがるわけです。負け勝ちというのは、実践するのはなかなか難しいのです！

けれども、「負けるが勝ち」というのはそれでも古来からの人間の知恵でした。そのもともとの意味は、自分より強いものに無理な戦いを挑まない、あるいは多少譲ってもより大切なものは守る、ということですが、それを幼児期に繰り返し身につけさせることによって、相手の勝ち（つまり自分の負け）を認める生活態度が養われます。それによって、すんだことに執着せず、自分の欠点を直していく前向きな姿勢が生まれてくるのだと思います。人は他人との間で利害が衝突します。何か衝突があって、そのときに相手をやっつけた、しかし相手は必ず、「今度はやり返してやるぞ」と来る。そのような無限の憎悪と闘争の連鎖のようなものに入っていくこと、ホッブスなどの思想家の中には、それはもう人間のさがであって、仕方がないのだと言っている人もいます。それならばなおさら、やはり勝つということは実は負けることよりもすごく難儀なことなのです。負けるということは、負けたことをいかに率直に認めて、そこから教訓を引き出すかが課題となる。しかし勝つということは、どこまで勝てばいいのかとか、勝ったけれども次は相手がもっと強くなるであろうから、それにどう備えるかとか、実は勝ったほうがいろいろな課題が出てくる。それを見逃しがちになるところに、勝つということの難しさがあるのです。

だから、一回の衝突で相手をやっつけて退けた、やれやれ、それで勝ったというのは、その戦闘には勝ったかもしれないが、次に相手がもっと大勢で攻めてきたら、今度はこちらがもたないということの繰り返しになります。そのようにして、日本が最終的に補給が続かずに息切れして敗れたのが、太平洋戦争であったわけです。最初は、ハワイの真珠湾を奇襲攻撃して「勝った、勝った」と言っていました。しかしそれは、全体としての戦争の敗北の第一歩にすぎなかった。だから、それは先ほどの「売り言葉に買い言葉」と同じことで、単純に勝てばいいというものではない。そこは確かに難しいことではあるけれども、個人のレベルでは日常生活で結構、自然と使っている知恵でもあり、安全保障や国防においても同じ知恵が必要だと思います。

軍事力だけではない

それから、勝つということは、戦争そのものが違法化されている現代では特に、戦闘を前提にするよりも、いろいろな手段や能力を使って、要するに相手に優越することと考えられます。戦争の目的は、お互いの意思がぶつかり合ったときに、力ずくで相手の意思を変えさせることです。でも実は相手の意思や行動を変えさせるという目的、それを実現するためには、力ずくでやる以外にも、利益誘導してなだめすかしてやるとか、あるいは、相手が本当に欲しいものとは少し違うものをくれてやって妥協させるというか、これでどうだということで相手を満足させるかとか、いろいろな手練手管があるわけです。そのようなあらゆる能力、あらゆる戦略を使っていくことが、非常に重要になってくるのです。だから、目的は相手の意思や行動を変えることであっても、それは決して軍事力だけの話ではないのだということです。軍事力だけでやろうとすると、それは、最終的にはもう国力の差であり、最後はどちらかが息切れしてしまうところまでやらなければいけないことになってしまう。大体、戦略を考えるときに、そのぐらいの基礎知識を――というよりこれはもう本来、誰でも身につけているような常識の範囲だと思うのですが――そのようなものをいかに目的に合わせて組み合わせていくかということが、安全保障という思考プロセスなのだということを申し上げておきたいと思います。

2　尖閣問題をどう考えるか

資源のための戦争？

今、一番国民が心配していることといえば、やはり尖閣諸島の問題でしょう。では、これについて、先ほど申し上げてきたような安全保障の基本的な物事の考え方を、どう当てはめて考えてみたらいいのか。やはり戦略というのは、物事の本質を捉えるところから始まるわけですから、まず、なぜもめているのかということを真っ先に考えなければなりません。

戦争の原因は、先ほど言ったように、国家間の自己主張のぶつかり合い、あるいは意思のぶつかり合い、あるいは利益のぶつかり合い、そのようなところから始まり、それをお互いに譲り合わないから、力ずくで相手の行動を変えようとすることにあります。その原因になるものは何かということを考えると、まず一つは、やはり経済的な利益があります。経済協力関係にあるとはいえ、特に資源などは、利用可能な量が限定されている以上は、どちらがそれを取るかということは国家間の対立の要因となり得ます。しかしながら資源は、対立要因になり得るとはいえ、基本的にお金で買えるのです。お金で買える限りにおいては、何も力ずくで相手を打ち負かすよりは金を払ったほうが安上がりだし、ずっと得に決まっています。実は戦争というのはものすごくお金のかかることなので、それよりは、買ってくるほうがはるかに安上がりなはずです。漁業にしても、それからエネルギーにしても同じことです。

ここの流れでもう一つ、「資源安全保障」という話が、七〇年代の中東産油国のナショナリズムの高まりによって石油の値段が高騰したオイルショックの頃からいわれています。それは明らかに、供給元の多様化や備蓄など、お金で解決しようという方向性の強いものでした。つまり、今日いわれているような自衛隊をどう使うかというよりも、国の予算配分や外交努力の方向性を決めるにあたって、備蓄や供給元の多様化など、資源という要素を重視するという意味があったのです。

イラク戦争のときも、あれは石油のための戦争ではないかといわれていましたが、私はそうは思っていませんでした。つまり、アメリカ自身は、あそこの石油がなくても、自国で相当石油も出るし、アメリカが中東の石油に依存している度合いはそれほど大きくなかったのです。ただ、中東の石油の利権が世界に及ぼす影響が大きいから、そこを押さえておくという意味はあったのでしょう。だから、直接に石油のための戦争というのは、短絡的な見方であるように感じられました。

そもそもあの頃私が考えていたのは、では、日本だったらどうするのかということです。資源は、自分が主導権を握れなければ、どんどん値をつり上げられて高くなっていきます。とはいえ、高くても、お金で買えるものではある。その金で買えるもののために人間は命を懸けるのだろうか、つまり、そのような経済的な利益のために戦争するということが成り立つのだろうかということを、自分なりに考えていたのです。そして私の結論は、「それは多分成り立たない」でした。いまや戦争以外にあまりにも多くの他の選択肢があるのだから、およそ資源とか経済的利益が戦争の発端になるということは、一個所からの供給に頼っていた場合にはあり得るとしても、カネさえ払えば他から買ってくることができる限り、ないのではないかと思ったのです。3・11の津波で原発が止まった時にも、日本は、世界中から天然ガスを買って火力発電を増やし、なんとかしのいでいます。

資源は、たとえばドイツとフランスの国境にあるアルザス・ロレーヌの鉄と石炭をめぐる争いのような形で、昔は直接、戦争のもとになっていたことは間違いない。資源は、国の産業を支え、国の富を生み出す。国が豊かになれば軍備も増やせる。増やした軍備でさらに資源の豊かな地域を手に入れることができる。こうして、資源と軍備は、双子の兄弟のように他国との対立に勝ち抜く手段になっていた時代があり、二十世紀の二度にわたる世界大戦の原因になった。しかし今日、それは配分のルールや国際マーケットを通じた管理ができるようになった。その背景には、産業技術の高度化や輸送手段の発達、さらには、コミュニケーション技術の飛躍的発展に伴う経済のグローバル化があります。3・11の地震でも明らかになったように、日本からの部品の供給がなければ中国をはじめ、世界中の工場が止まってしまうほど、国際分業体制が進んでいる。

尖閣の場合はどうでしょうか。中国が領有権を主張しはじめたのは、国連のレポートで海底にかなりの石油が埋まっている可能性があることが言われてからなので、一九七一年以降ですが、台湾との間には漁業協定を結んでいるし、さらに、どうも最近では、商業ベースに乗るような石油はなさそうだというのが、もう共通した見方になってきています。仮にあったとしても、そこはまさに、日本、中国、台湾で共同開発して、みんなで分け合えばいいだけの話ですから、それが今のような、戦争に至るかもしれないほどの対立要因にはなり得ないように思われるのです。

尖閣は軍事的拠点にならない

もう一つ、戦争の要因になるものとして、あくまでも客観的に見た場合ですが、そこを獲得することが軍事的にきわめて重要で、逆に、相手に取られたらこちらの防衛が成り立たないような地域に関しては、たとえ戦争をしてでも確保しなければいけないという動機はあるでしょう。ちょうど尖閣は島ですから、いろいろな離島防衛シナリオがちまたでも言われています。

それは、日本がアメリカとの戦争の中で経験した、まさにひとつの戦争のパターンです。あの時日本軍は、南太平洋も含めた南方の島々を一つずつ占領していきました。そして、アメリカはそれを一つ一つ取り戻していった。まだ当時は空中給油の技術もなかったし、航空機の行動半径や、あるいは海軍の船の補給などのために、島というのは非常に重要な役割、つまり戦略的な価値を持っていたわけです。そして、最終的にテニアンをアメリカが取ることによってB29が日本本土に飛来できる距離まで近づいてきたわけで、そこから本土への空襲が始まりました。

そして、最後は硫黄島です。硫黄島では、日本は二万人ぐらい、アメリカも七千人近い兵隊が亡くなっています。実は、単一の戦闘で一番たくさんアメリカの兵隊が死んだ戦闘が、硫黄島なのです。そういう意味では非常に象徴的な意味がありますが、テニアンと違って、硫黄島は本土上陸作戦のための足がかりという位置づけでした。それから、アメリカは、今度は沖縄に矛先を向けてきます。

このように、当時の船や航空機の性能からすると、島を確保するということはものすごく大きな戦略的な意味があったわけです。ところが、今日の技術で考えてみるとどうでしょうか。島に限らず、海に面した陸地は、たとえば旧ソ連の極東艦隊を相手にする場合、宗谷海峡、津軽海峡、対馬海峡は、ここを通らなければ太平洋に出られないという意味で、ものすごく重要な戦略的な役割を果たしていました。今で言うと、同じようにシーレーン上で重要な位置にある場所は、マラッカ海峡、インドネシアのロンボク海峡、あるいは、ペルシャ湾の出口のホルムズ海峡などです。そこを敵に押さえられてしまえば、味方の船は通ることができなくなります。そのようなところは「チョークポイント」と呼ばれており、海洋戦略では特に、そこを押さえることが一番重要だと認識されています。

そこで、軍事的に重要なチョークポイントになるか、あるいは、その島が重要な作戦拠点になるかという目で評価してみると、尖閣は、ちょうど中国本土から一〇〇キロちょっと、石垣島から一〇〇キロちょっと、台湾から数十キロ程度です。それは何を意味しているかといえば、もちろんそこに行けば一〇〇キロ分相手に近くなるというメリットはあるかもしれません。しかし同時に、一〇〇キロという距離はいまや戦闘機の行動範囲の中に入っているので、仮にあの島を押さえたとしても、すぐに取り返されてしまうことも容易に考えられるわけで、安定して軍事的に使えるような拠点にはなり得ないのです。第一、面積も非常に狭く、多くの兵隊を食べさせるだけの食糧も自給できないわけですから、絶えず補給をしなければならない。そのように、軍事的にはすごく脆弱なところで、あそこを軍事的な拠点として使ったとしても、コストがかかるうえに、それで稼げるのはほんの一〇〇キロの距離だということになると、コストに見合うだけのメリットがあるとは思えないのです。

中国の軍事力はアメリカに向いている

アメリカと中国について考えてみます。多くの日本人はどうも、中国の軍事力が日本に向いていると思っているようですが、彼らがあれだけの軍拡をしている目的はやはりアメリカです。アメリカとの対抗を考えていくと、西太平洋はすごく大きな役割を果たしていきます。先ほどは島や海峡など、陸上の拠点のお話をしましたが、今度はその拠点をベースにして展開する海域の問題についてです。西太平洋にアメリカの空母部隊が自由に入ってくれば、そこから中国本土を直接攻撃できる位置関係になります。だから、中国はそれを阻止しようとして、あの地域で、潜水艦や弾道ミサイルで空母のじゃまをしようとする。

今いわれている「A2AD」というアメリカの造語があるのですが、「A2」は Anti-Access（接近拒否）、そして「AD」というのは、Area Denial（領域拒否）です。つまり、相手を自国領域にアクセスさせない、あるいは、重要な領域の自由な使用を許さないという思想で、その焦点になっているのは西太平洋なのです。アメリカの空母がそこで動き回れば中国が危ないし、逆に、西太平洋は広くて深い海なので、そこに中国のミサイル原潜が潜んでいれば、アメリカ本土を直接狙えるという位置関係にある。だから、両方にとって西太平洋はものすごく重要なのです。なかなか表立っては言わないけれども、今日の軍事情勢を規定する、一番根底をなす大きな要因として、そのような米中の軍事的な駆け引きがあるのです。

では、そのときに、尖閣とはどのような位置かと考えてみますと、何もわざわざ中国の艦隊は尖閣の周りを通る必要はないのです。空母などはチンタオにいますが、チンタオからは東シナ海を通って、沖縄本島と宮古島の間の広い隙間があるので、そこを堂々と通り抜けてくればいい。現に、中国はそのようなことをどんどんやっています。そうして西太平洋に出る。それから原子力潜水艦ですが、原潜の基地はひと頃リゾートとして有名になった海南島《ハイナン》にあります。海南島は南シナ海に面しているから、そこから出た船は台湾の南、フィリピンとの間のバシー海峡という、これもまた深くて広い隙間があります。ここを通れば、やはり自由に西太平洋に抜けられる。そのような経路をじゃまする位置に尖閣諸島があるかというと、ないわけです。

尖閣はナショナリズムの象徴

これまでのことをまとめると、第一に、経済的な利益が譲れないから尖閣で争いがあるわけではない。それから、軍事的ないわゆる差し手争い——相撲で言えば相手の上手回しをいかに先に取るか――に関わる重要なポイント、そういった死活的な位置に尖閣があるわけでもない。では、なぜ対立しているのか。私は、結論から言うと、これはもうナショナリズムの象徴ということなのだと思います。つまり、国民感情が対立しているのです。

私が官邸で勤務していたときにも、今は通信技術が発達しているため、尖閣に中国の活動家の船や政府の船が入ってくれば、海上保安庁がそれに対応している状況が、ライブ映像で見られた。そうして様々な対応をしているのも見てきましたが、ちょうどそのような動きが激しくなったのが、二〇〇八年の暮れからで、その頃に初めて中国の船が領海侵犯しています。その前には、台湾の船が結構乱暴なことをやってきていました。そこにはだから、台湾というファクターと、それに触発された中国側のファクターと、両方あるのかもしれません。

その年は、実は五月に胡錦濤《こきんとう》が日本に来て、福田総理との間で「日中の戦略的互恵関係の発展に関する共同声明」というものにサインをしている年です。これについてはその前年、小泉さんが靖国神社を参拝したが、安倍さんは行かず、さらに総理に就任して最初の訪問国に中国を選んで関係改善したこと、これがその基礎になっています。そして、当時の胡錦濤―温家宝《おんかほう》のラインというのは、もう明らかに、小泉さんが靖国参拝しているのは困ったものだが、それが止まった以上は、日本ともっと関係を深めていくのだという路線に立っていたように思います。そして、二〇〇八年の五月にその共同声明が出て、六月には東シナ海のガス田の共同開発で合意しています。これはすごいことだと私は思ったのです。よく、中国がそこまで妥協したなと。

いっぽうで、その半年後に中国の船が尖閣の領海に入ってきたのです。中国の海軍の動きがこれ見よがしに活発になってきたのも、その前後からでした。これは何なのかと思って見ていたのですが、そこには、中国内における一種の路線対立を反映しているか、あるいは、現場が必ずしも中央の言うことを十分に聞かないのか――多分、その両方の側面があるのでしょう。中国の学者に、「中国でシビリアンコントロールはできているのか」と聞くと、「いや。それは、中国は軍と党は一体だから」という答えが返ってきます。そこで「一体というが、党の幹部と現場のやっていることは違うじゃないか」と言うと、「それは、中国は大きな国だから、なかなか行き届かないことはある」というようなことを言っていました。当時は、中央の指示がどこまでどう届くのかという問題として見ていたのですが、今振り返ってみると、やはりそこにはもっと大きな路線対立が背景にあったように思えます。

それから、民主党政権に代わって二〇一〇年、漁船衝突の事件が起きるのです。そのとき、船長を逮捕して、しかも日本の司法手続きに従って起訴しました。それを境目に、完全に中国の日本に対する方針は、とりわけ尖閣については、強硬方針に変わったのです。その背景には、「もう中国も力をつけてきているのだから、いつまでも自己主張を我慢する必要はないんだ」「いや、そこはやはり我慢しながら日本ともうまくやっていくんだ」というふたつの大きな路線対立だったものが、大国としての強硬路線でいいのだという、そちらの方向に大きく振れてきたことと、特に尖閣については、日本側の対応を契機に、そこはもう一切譲らないぞという方針に変わってきた、そういう流れがあったのではないでしょうか。

私は二〇〇四年四月に官邸に入ったのですが、行った翌日、最初の会議は尖閣問題についてでした。その年の、私が行く直前の三月に、中国の活動家が尖閣に上陸して、そこにあった昔の神社の施設を壊した。そして、沖縄県警が器物損壊の容疑で逮捕しました。結局二日後に釈放しているのですけれども、そのときの経緯をあとで聞いたところ、法律に合うかどうかといったことは官邸が全部責任を持つから、とにかく早く帰せということだったそうです。そのかわり、中国に対して、このようなことをプレーアップするなよと。絶対にやつらを英雄視するようなプレーアップはやめろと。そういった手順もきちんと水面下で踏みながら、早期に解決して問題を長引かせないという危機管理を、当時は行っていたのです。

「日本などに負けてなるものか」

そして、二〇一〇年のときには、自民党ができなかったことをやろうという当時の民主党のごく一部の閣僚の方針がありました。日本の司法手続きに従ってやるのだと。日本の司法手続きということは、中国にしてみれば、表立ってあれは日本の領土だということを改めて主張しているというように映るわけです。日本は小泉政権でさえやらなかった強硬な手段に出たというように、北京は認識しました。これも人から聞いた話ですが、そのときに、北京の党中央で何が議論されたかというと、「報復に何をしようか」「日本人観光客を買春で逮捕するか」「いや、そんなことでは政治的なメッセージにならないから、違うことを考えよう」ということで、フジタ工業の遺棄化学兵器処理をやっていた社員四人を、理不尽な理由で拘留しました。それから、レアアースの輸出を止めるということもやってきました。最終的に民主党は、ＡＰＥＣのときの首脳会談ができなくては困るからといって、那覇地検に説明責任を丸投げする形で釈放するという、非常にぶざまな外交をしてしまったわけです。

これらのことが、尖閣問題の引き金になったという点は間違いないでしょう。けれども、尖閣で中国が強硬になった背景には、やはり中国自身の路線対立があったのだと私は考えています。いずれにしても、もう今や日本などに負けてなるものかという中国側の自己認識というか、そのようなケミストリー（人や状況の気質）が大きく影響していると思うのです。

そのあと、今度は国有化の問題が起きました。実は、一方的に現状変更しないということが暗黙の「了解」とまでは言わないまでも、安定的に今の日本の実効支配を維持する一つの条件だった。そこに、石原都知事が、東京都が買って施設を作ると言いだしたのです。だから、それはまずいということで、都が買い取るぐらいなら国が買い取るということになった。私もあのときに北京の会議に呼ばれて行っていましたが、「国有化といったところで、そもそも、他にも尖閣諸島の中には国有地がたくさんあるよ」「国有化といっても、今個人が所有しているものの所有権の所在を国に替えるだけ、具体的には、石垣市の不動産台帳の登記簿の名前が替わるだけで、何にも現状変更じゃない」という話をしてきたのですが、何となく、分かる人は分かっているという感じでした。

ただ、その後の対応でも、やはり外交的な危機管理としては非常にまずかったことがありました。ウラジオストクで胡錦濤と野田総理が会ったとき、胡錦濤が「けしからん。やめてくれ」と言ったのだけれども、もう中国側は理解しているはずだと決め込んでしまい、その二日後に閣議決定してしまったのです。それは、いくら何でもまずいだろう、といった感はあるのですが、おそらく、焦りがあったのでしょう。そのあたりの事情を聞くと、もう地主さんが待ってくれない状態だったというような話もありました。しかし、やはり中国のようなメンツを重んずる国に対して、指導者自らが「やめてくれ」と言った、まさにそのことを、何のフォローアップもせずにその直後に強行するというのは非常によくない。実のところ、中身そのものは、大したことではまったくないのです。先ほど申し上げたように、台帳の記述が替わるだけの話で、日本にはそれ以上の意図はなかったのですが、そのやり方がものすごくまずかったと思うのです。

安倍さんはおととしの総選挙のときに、「なぜ尖閣はこんなになっちゃったのか。民主党が弱腰だったからだ。だから、尖閣に公務員を常駐させて領土をしっかり守るんだ。これは強硬に、強くやらなきゃいけない」ということを主張していました。しかし客観的に見ると、中国にとってみればむしろ民主党が強腰だったわけです。北京のほうに言わせれば、民主党が必要以上に強腰に出てきたわけで、日本がそれほど態度を変えるのならば、中国も黙ってはいないぞという論理ですから。もちろん、背景には、今や中国は大国なのだから、日本などに黙っていないぞということはあったとしても。

だから私は、冒頭に述べた戦略論で、一番大事なのは本質が何かを見極めることだと言いましたが、どうも、スタートからこの尖閣問題の本質はあまり理解されていないのではないかと思うのです。そこで強硬な方針を採っても、結局、対立は解消しないわけです。特にナショナリズムというものは、お互いに譲りようがないものです。「あんたのナショナリズムを半分認めるから、こっちのも半分認めなさい」というのは、魚だったらそのように分け合うこともできますが、「民族のプライド」あるいは「国家の主権」などという言葉を使ってしまったら、もう譲りようがなくなってしまう。オール・オア・ナッシングの、ゼロサム・ゲームになってしまうのです。そもそも、そのような問題の立て方をしたことが本当によかったのでしょうか。そのナショナリズムが戦争の原因になるということは、私は十分ありうることに思えます。だから心配しているのですが。

国民世論を沈静化させること

ここでもう一つ、戦略論として導きになるような言葉を示したいと思います。昔のドイツの戦略家で、カール・フォン・クラウゼヴィッツという人がいます。彼は戦略論の世界では一番の古典になっているような、孫子と並ぶ大きな位置づけを持った人物ですが、そのクラウゼヴィッツの言葉の中に「戦争の三位一体」というものがあります。当時は国民を動員する戦争の時代でした。そんな時代に、戦争をするための条件というのは三つあって、まず、感情を持った国民、そして、不確実な戦闘を乗り切ることができる有能な軍隊、それから、理性を持った政府――この三つの要素が組み合わさって戦争ができるのだと。特に、戦争をしようと思えば、国民の感情を燃え上がらせることは一番大事な要因になっていました。

今は必ずしも国民総動員、国家総動員の時代ではありませんが、国民世論の動員は必要ですし、またメディアの力がこれだけ大きくなっているので、やはり国民世論の影響力はものすごく大きい。だから今日でも、戦争をしようと思えば、世論をあおって国民感情を燃え上がらせる必要がある。しかし、それを逆手にとって戦争をしないようにするためにどうしたらいいかと考えると、それとは逆に国民世論を沈静化させることが、非常に重要な処方箋だということになります。

だから私もよく、「尖閣で必要なのは、外科手術よりもまず鎮静剤ではないですか」ということを言っています。問題の本質を見て、その基本的な対処の仕方、病気でいえば、この病気はどこから来ていて、それを治すための治療として一番重要なポイントは何か、というところをしっかり見ていかないと、やたら強壮剤ばかり飲んでいるという、この病気には逆効果かもしれない処方が、今なされているように思えてしようがないのです。ならば今このような状況の中で一番必要なのは何かと言うと、それは現場どうしが無用な衝突をしないためのルール作りではないでしょうか。とにかく、お互いに戦争を始めたら損だということは、今の段階では中国も日本も理解しているわけですから、そういったルールはぜひとも必要なものなのです。

実は、もうその原案は事務的にはかなり詰まっていたと聞いています。その問題意識は大部分共有されていて、話は進んでいたけれども、それが今、尖閣国有化で対立がはげしくなって以来、全く動かない状態になってしまっているというのが現状です。

尖閣問題は、一つの非常に大きなお手本になり得るものだと思います。今、中国は南シナ海でも、フィリピンやベトナムやマレーシアやブルネイといった国と、やはり領有権問題で争っています。そこで、ＡＳＥＡＮの国々は、行動規範という形で、軍事的な衝突に至らないように紛争を解決するための、ルール作りをしようとしているのです。日本も、そのようなところでお手本を示していくということが、恐らく一番必要なのでしょう。ただ、一方で、そういったことをしている間に、相手が勝手にやってきて、力ずくで現状変更されない程度の、その程度の防備はきちんと持っていなくてはなりません。そういうものを持ちながら、しっかりルール化に向けた動きを先導していくことが、今、一番必要なのです。そのためには、政治的な信頼関係がめちゃくちゃな状態ではとてもできませんので、そこを何とか改善しなければいけない。これはだから、当分、国民のフラストレーションのもととしても残ることになるでしょう。

フラストレーションのはけ口

国民感情ということに関連してもう一つ、尖閣の国有化をめぐる問題のときに、日本企業が焼き討ちされましたね。四川《しせん》省など、かなり内陸部でもそのような暴動まがいのことが起きていましたが、多分、四川省にいる若い中国人は、東シナ海も見たことがないだろうし、尖閣諸島など、どこにあるか知りもしないでしょう。そのような人たちが、反日を口実に、尖閣をテーマに掲げて暴動をやっているのです。それは、やはり中国における大衆的な不満の、ひとつのはけ口という役割があったのだろうと思うのです。

中国は、都合が悪ければそういうものを弾圧して止めることも可能なのですが、それが反日で、本来、経済的ないろいろな意味で不満を抱えた若者たちのはけ口として役立つ限りにおいては、それをある程度放任していたと思われます。その不満の本質というものは、結局は中国共産党の下での経済格差の広がりに原因があるわけで、そちらに矛先が向く時点で止めに入るのです。

日本のほうは、そのような暴動的な話はまったくありません。それだけでも、日本という国はやはり随分成熟している。私たちが学生の頃は、学生は何かあればとにかくすぐに大騒ぎしていたものです。では、それと比べて、今の若い人たちは賢くなったのかというとそうでもなくて、そのかわり、インターネットで言いたい放題言いまくる。だからそれが決して賢くなったとも、品がよくなったとも思わないし、むしろ、健全な行動力を失っているのではないかという危惧を感じます。

日本でヘイトスピーチをやっている人たちや、反中国の言動に共鳴する若者たちも、おそらく本質的には中国がすべての諸悪の根源だと認識しているわけではないのでしょう。

やはり、自分のフラストレーションのはけ口としてぶつけているのだと思うのです。ただ、そのままそれをどんどんあおり立てて放っておいて、いずれコントロールできなくなったときにどうするかということです。危惧されるのは、内部的に弾圧するか、外部に向けて戦争をするか、という選択肢しか残らなくなってしまうのではないかということです。

満州事変が始まる前の日本国内の雰囲気は、世界大恐慌を受けて、経済的にものすごく苦しい状態になって、農村で娘を身売りするような、非常に悲惨な状況があった。私は映画で観ただけですが、そのときの一般庶民が酒を飲みながら話しているのは、「ああ、満州さえ手に入ればなあ、もっと暮らしが楽になる」というようなことでした。本来の問題点ではないところに目をそらしていくメディアのやり方も非常に問題ですが、要するに、不満の根源と不満をぶつける対象が、実はミスマッチを起こしていることが、このナショナリズムの一番大きな特徴ではないでしょうか。「国を守らなくてどうする」と言えば、それは一般論としては正しいことであるから、どのような不満でもそこに吸収できてしまいます。しかし、そこで「ちょっと待てよ」と、健全な疑いを感じることができるよう、国民が最低限の賢さを持っていなければいけないと思います。

3　尖閣で何が起きるか

一度勝っても、二度め、三度めは分からない

もう一つ尖閣について言うと、香港のテレビ局に行ったときに、香港の記者と中国の記者から、「日本と中国が戦争をしたらどっちが勝つと思いますか」という質問がありました。私はそこで言ったのです、「あんた、そんなバカなことを聞くもんじゃない。どこに自分の国のほうが負けるって答えるやつがいるか」と。「ただ、それは客観的に言って、今の実力ならば、中国海軍よりは自衛隊のほうが技術的にはるかに高いと思うよ」と。「ただ、それで一回や二回の戦闘には勝つかもしれないけど、それと、今後長きにわたって両国が衝突を繰り返していくことにどこまで耐えられるかというのは、別問題でしょう」と。だ

から、戦争をすればどちらが強いかという命題の立て方は、すごく間違ったものですが、仮にこのような戦闘をすればどちらが強いかということならば言えるかもしれません。しかし、それも条件の置き方によってはまったく結論が違ってきます。そもそも、そのような問題の立て方は、心配だからというのは分かるけれども、ただ、それでどちらが強いからといって満足して安心できる問題でもないのです。やはり、問題の根っこにきちんと突っ込みを入れていかないと、メディアの役割は果たせないのではないか、ということを申し上げてはみたのですが。

中国の空軍は、数は多い。私たちが注目してきたのは、いわゆる第四世代戦闘機というF－15、ロシア製でいうとスホーイ27などその辺りのクラスです。この周辺にいる在日米軍と自衛隊をプラスすると四〇〇ぐらいになるでしょうが、多分、今や中国の第四世代戦闘機は、その倍ぐらいはあるのかもしれません。けれどもそれが全部一斉に来られるわけでもありません。そのうち台湾のためにどのぐらい割かなければいけないか、あるいはロシアに、インドにすきを突かれるかもしれないと考えると、それから整備性の問題もあります。それが一気に来たら、数では向こうが勝るものの、ステルス性やミサイルの性能など総合力を考えたら、相手が攻めてきてこちらが守ろうとする限りにおいては、防空戦闘ではまだ日本の方に分があるだろうと思います。やはり戦争は、よほどの力の差がなければ、攻めていった方が負けてしまうのです。海軍も同じことです。恐らく統制の取れた高度な作戦技術という意味では、日本の方が、まだ十年ぐらいアドバンテージがあると思います。だから、最初の戦闘では勝つでしょうというのは、それなのです。

二度め、三度めになるとそれは分かりません。既に数では追い越されている状態で、だからといってうかつに日本に手を出すとそれなりの抵抗があって、どのぐらいの損害が出るか分からない。そこのところを計算不可能にしておくことが、ある種、抑止につながっているのです。それが、確実にアメリカが出てきて核兵器を撃つとなると、それは確かに抑止ではあるが、そこまではいくら何でも成り立たないということです。中国と同じような性質のものを、同じような形で数の勝負をしても、どこかで息切れするわけですから、今、日本がやるべきことは、中国が空母を出してくるならこちらは潜水艦を出すということです。相手に直接、軍拡の口実や動機を与えないような形で、静かに防衛力を持っておくことが一番賢いやり方です。黙っている分だけ、相手にとっては作戦の成功率が計算しづらくなる。圧倒的な力の差がない限りにおいては、守る側の方が有利なのです。中国は、ベトナムやフィリピンに対しては、力に物を言わせた勝手なふるまいをしていますが、それでも軍隊を出してきているわけではない。大型の巡視船で相手の船を蹴散らすようなやりかたです。軍隊を出すことは、事態の拡大をコントロールできなくする意味があり、中国といえども慎重にならざるを得ない。まして尖閣の場合、日本の海上保安庁の能力は高く、背後に控える自衛隊も、中国が侮れないだけの防衛力を保持しています。だから中国は日本に対しては、尖閣の領海への侵入を「常態化」させるけれども、海保の巡視船を力ずくで排除するような行動には出ていません。

二〇一一年一月中国共産党の新聞「人民日報」には、「日本に先に手を出させろ」という論文が掲載されています。今日尖閣は、世界中が北東アジアの火種として心配している。世界は、領有権について中国の主張に無理があると思っていても、話し合いで解決してほしいと思っている。そこで先に武力を使えば、そのことが国際的非難の対象になります。そうならないために、同時に、相手に隙を見せないように海上保安庁も自衛隊も、現場は苦労しているわけです。ちなみに、昨年末に政府が決めた「防衛計画の大綱」には、「中国の挑発に対しては、冷静に、かつ、毅然として対応する」と書かれています。それはそれでもっともなのですが、現場の艦長の立場から言えば、冷静に我慢するのか毅然として反撃するのか、これだけではわかりません。そこは、あくまで政治が責任を持って判断しなければならないわけで、「現場は、政治が困らないように行動しろ」といって責任を丸投げしてはいけません。

戦争というのは力の対決、ルールと時間制限のない「デス・マッチ」ですから、一度衝突すれば、無限に拡大していく可能性を秘めています。それゆえお互いに軽傷で済む保障がないから手を出すことは容易ではない。それはそれで別に悪いことではないのですが、その間にしっかり対話をする。お互いに手の内を探ることでもあると同時に、お互いがどこまでで止めるかというルールを共有するためにも必要なことです。そのようなルールができてしまって、そこまではやっていいのだということになっても困るが、そこまでやっても国家間の破綻につながらないのならば、やってもいいのかもしれません。私は、戦争が一概に「悪」だとは思いません。ただ、そのような準備もなしに戦争を始めるのは、一番愚かなことです。それに、やはり人の命がかかっていることですから、他の手段があるのにそれを放棄して戦争するのは無駄な戦争であり、命の冒涜だと思います。

尖閣は集団的自衛権の問題ではない

それからもう一つの問題は、お互いに少子高齢化という課題を抱えています。中国でも、日本の十年遅れで進んでいます。日本にもいろいろ問題がありますが、介護制度や年金などが未整備のまま、中国は進んでいる。しかも一人っ子政策で、人為的な結果でもあるのですが、親たちは競って、裏口入学も含め、金を使って子供をいい学校に入れている。だから七・五パーセント成長がないと、大学は出たのに就職口がなくて、大きな社会問題になることを中国は恐れているわけです。そのような人たちによって構成された軍隊で、日本もそうですが、本当に若者が戦死することに社会が耐えられるのか。日本もかなり敷居は高いと思いますが、そこは中国もかなり大変だと思います。

それこそ自分の息子を殺された親の抗議の仕方は、中国の場合、テレビで見ていても半端ではありません。あんなことが本当に何十人にもなってきたら、もしかしたら政権が引っ繰り返りかねない可能性もあります。お互い、そのような弱点も抱えている。そのようなところを、実態に即してどう判断していくか考えると、必要な限り心配すればいいが、今はどうも必要以上に心配している感じがします。

それから武装漁民が尖閣に上がってくるようなシナリオもよく言われます。確かに中国の漁船は、海軍から情報収集などで金をもらっている部分もあります。でも、そのように武装漁民が国家のバックアップによって上がってくるのは、一種の侵略です。それは別に今の法制の下でも、自衛隊がやっつけることは、十分、可能だと思います。けれどもそれをやったときの影響を考えると、なかなかできない。だから今、法律がない、憲法解釈が悪いからそのようなものに対応できないといっているが、実はそのような言い方にはどういう意味があるかというと、そう言っておけば、誰も責任を問われなくて済むわけです。そうではなく、今の法律の下でも、十分対応できるのです。勝手に人を殺してはいけないということ、あるいは侵略でもないのに自衛権は使えないということは、どんな新しい法律を作っても書きかえられません。

今の法律の中で、政治がきちんと責任を持ってそのようなことを自衛隊に命じられるかどうかが問題なのです。それを命じられないから、法律が不備だという言い訳をするし、自衛隊の方も法律がないからしょうがないというのは、昔からよく言われていました。平和憲法があるからしょうがないと、それは誰も傷つかない方便だったのです。そこを本気になって法律を追求するという発想が、私は元々、少し変だなと思って見ていたのです。むしろ誰が責任を持って判断するかという方が、実は本質的な問題です。法律がそんなに足りないとは、私は思っていません。

もう一つの尖閣に関する問題を言えば、安倍政権がしきりに、「尖閣が今、非常に危険な状態にある。それから、北朝鮮が核を保有して、ミサイルが飛んでくる。今までこんな厳しい状況にはなかった。安全保障上の環境がかつてなく厳しい状況になっている。だから、集団的自衛権だ」ということを言っている。では、一体どのようなことになるのか。アメリカはどう言っているかというと、尖閣は日本の施政権の下にあって、そしてそうである限り、それは安保第五条の、アメリカの防衛義務の適用範囲だと言っているわけです。ということは何かというと、尖閣をめぐる有事は日本有事だということです。日本有事となると、日本にとって必要なのは個別的自衛権なのです。だから、尖閣防衛のための集団的自衛権というのは、論理的にまったくつながらない話だと思うのです。北朝鮮のミサイルも同じことです。日本に飛んでくれば、それは日本有事、日本の個別的自衛権の問題で対処する話になってくる。

血の同盟と軽々しく言う

それから、安倍総理が集団的自衛権を必要としている一番大きな動機は、二〇〇四年の岡崎久彦さんとの共書『この国を守る決意』の中に出てくる、「日米同盟を堂々たる双務性にしていくのだ。そして、同盟というのは本来、血の同盟なのだ。アメリカの青年が血を流すならば、日本もアメリカのために血を流さなければいけない」という趣旨のものです。このような議論はいかがなものでしょうか。よく若い人たちも「自衛隊はそのために給料もらってるんでしょう」と言いますが、直接血を流すつもりもないし、そのような立場にもいない人が、他人が流す血について軽々しくしゃべるということは、私はもうまったく不同意なのです。そのために給料をもらっていると言うが、給料のためにやるのであれば、辞めて給料をもらわなくなれば守らなくてもいいということなのだねと、そのような論理になってしまいます。では、あなたはそのときに自衛隊に入って、血を流して戦うのですかというと、そこがはっきりしないのです。そこを自分としてしっかりしないと。とはいえ、あまりそこで凝り固まるのも問題ではありますが、そこの自省を抜きにして他人ごとのように、「取られるわけにはいかない。取られたら取り返さなければいけない」という議論が平気でなされるのは、人として大切なことを見失った議論だと思うのです。

いずれにしても、同盟というのは血の同盟だと、本来の言葉の定義からしてそうなのかもしれないのですが、しからば、尖閣防衛のためにアメリカは本当に血を流すのだろうか。去年の二月三日の米軍の機関紙『Stars and Stripes』（星条旗新聞）の中に――それは安倍総理が訪米する前のタイミングで出たのですが――「誰も住んでいない無人の岩のために俺たちを巻き込まないでくれ」というコメンタリーが載っているわけです。私は、それはアメリカ軍の本音だと思うのです。軍事的にほとんどアメリカの目から見れば価値のない、ナショナリズムの争いなのですから。そのような他国のナショナリズムに引きずり込まれて、アメリカ自身の兵隊の血を流すなどということは、もうアメリカにとってはありえない選択なのです。尖閣防衛のために血を流すという話は、もちろん、日本は日本の防衛のために犠牲は覚悟せざるを得ないものの、それだって、本当にどこまでやるべきかということは大いに考えておかなければいけないし、まして、アメリカがそのような形で日本を救援することはないだろうと思います。

どこまでやるか、という意味は、尖閣は、領土保全の問題、すなわち主権の象徴です。一方、そこは、米軍が言うとおり無人の岩でもあります。住民の生命にかかわることではない。主権というものは、譲ってはいけないものです。住民の生命も、外国軍によって不当に脅かされてはいけない。日本本土の防衛や、大きな有人離島の防衛であれば、そこは一致するのですが、尖閣は人がいない。実は、この点も、私が悩んでいたことです。

主権も国民の生命も、守るべきものです。だが、その守り方は、必ずしも同じではないのではないか。かつて、ソ連が北海道を占領しに来れば、それは日本の主権・独立とともに国民の生命の危機でした。そこはもう、必死で守るでしょう。仮に尖閣をとられた場合、主権の危機ではあるが、ただちに国の政治体制が覆される、国民の生命が脅かされるわけではない。もちろん、そこを足掛かりとして沖縄の島を爆撃するための基地になれば、それは国民の生命の危機にもなり得る。しかし、先に述べたように、尖閣は、軍事基地にするには向いていない。周辺海域で操業する漁民の生活が脅かされるでしょうが、その意味ではすでに台湾や中国の大型漁船が来ていて、魚を根こそぎとっている現状がある。

そう考えると、主権は譲れないし、取られたら取り返さなければならないとしても、やはりどこかで「おりあい」をつけなければ、「無人の岩」に日中両国兵士の屍の山を作るわけにはいかない。その事情は多分、中国にとっても同じことだと思います。国防というものは、譲れない価値が侵されたときの最後の手段ですが、やはりそこには、価値の性質と、そのために払う兵士の犠牲という一種のコスト計算が必要なのです。

アメリカの関与について言えば、海兵隊が沖縄からいなくなってしまったら尖閣を取られるという、非常に短絡的な発想をする人がいます。確かに、以前、フィリピンでそういったことはありました。独裁的なマルコス政権が倒れて民族主義的なアキノが大統領になり、折しもピナツボ火山の噴火で東洋で最大級のクラーク空軍基地が使えなくなってしまったときに、スービック湾の海軍基地からアメリカも撤収しろというフィリピンの要求が通ったのですが、アメリカがいなくなった直後、フィリピンと中国との間で領有権の争いのあったスカボロ礁に中国が入ってきた、という事件です。アメリカ軍がいなくなってもちろんフィリピン軍はあったのですが、フィリピンは、中国との融和を優先して軍隊を撤退させていたのです。しかし、日本の場合は条件が全然違います。自衛隊は島を守る能力は——十分かどうかは別としても、かなりの程度持っているわけです。だから、自衛隊の存在がまったくないかのような前提で、アメリカ海兵隊がいなくなったら尖閣がすぐに中国に取られてしまうという議論は、まったくその条件の違いを無視している。第一、当時フィリピンから撤退した米軍は海軍と空軍であって、海兵隊ではなかった。

今年四月、オバマ大統領が訪日して、「尖閣は日米安保条約5条の適用範囲である」ことを、アメリカ大統領として初めて明言しました。日米安保条約第5条というのは、日本の施政権の下にある地域への攻撃に対してアメリカが日本とともに防衛することを定めています。だからアメリカは、尖閣が日本の政治的支配のもとにあるという前提に立って、仮に中国が軍事行動をとるならば、日本とともに防衛するということです。それは、ある意味当然なことで、以前、アメリカは尖閣諸島の一部を射爆撃訓練場として日本政府から提供を受け使用していたのですから、いまさら日本の実効支配を否定できるはずがない。

同時にアメリカは、尖閣がどちらの領土であるかという、領有権問題には関与しない姿勢を貫いています。それはそれで、日本の領土かどうかわからない島を日本の許可のもとに射爆撃場として使っていたということになるわけですから、無責任極まりない姿勢だと思いますが。いずれにせよそれは、アメリカ政府の一貫した姿勢なのです。

そしてもう一つ、アメリカが一貫しているのは、条約上の防衛義務は明言するけれども、では、攻められたときに何をしてくれるかということは、一切言わないのです。これは、アメリカの場合、戦争の権限は基本的には議会が握っているという制度上の背景もありますが、国益の観点から言えば、あらかじめ具体的な約束をすることによって選択の自由を失わないようにしているわけです。さらにオバマ大統領の記者会見での発言をみると、「中国に対していかなるレッドライン（この線を超えたらアメリカが黙っていないという限界）も引いていない」と述べ、続けて、問題の平和的解決の重要性を強調して、「私は安倍に、挑発的な言葉や行動を慎むように話した」とも言っています。こうした一連の話を総合的に考えれば、アメリカのメッセージは、「アメリカの防衛義務は忘れていない。だから、余計な挑発をして問題をこじらせるな」ということであって、「守ってやるから大いに威勢よくやれ」ということではないのです。

4　北朝鮮のミサイルをどう考えるか

ミサイルを持っていても撃てない状態にする

北朝鮮のミサイルについてはどう考えるべきでしょう。北朝鮮のミサイルをどのように防ぐのかというときに、もちろんミサイル防衛システムというものがありますが、これはある意味、最後の手段です。その前にやらなければいけないことは、まず、ミサイルを撃てないようにすることです。撃てないようにというのは、つまり、ミサイルを撃ったら、ひとつには、アメリカの軍事力によってものすごい報復があって、北朝鮮の政権が崩壊するよということです。多分、金正恩《キム・ジョンウン》は十分承知していると思います。したがって、この部分に関するアメリカの抑止力というものは、私はまだ有効に生きていると思います。それにもかかわらず北朝鮮がミサイルを撃ってくることになれば、ミサイル防衛でかなり落とせるとは言っていますが、多少落とせないものは落ちてきて、被害が出るわけです。

戦争においては、最初の奇襲的一撃から完璧に身を守るなどということは、軍隊は考えていません。どれだけ優秀な軍隊でもそんなことはできない。だから、アメリカの船がいきなり襲われたときに、守ってやらなければ日米同盟が崩壊するというようなことはありえないのです。そのような最初の一撃から守れないということはありうることだという前提で、アメリカはあちらこちらに船を派遣しているわけですから。「アメリカの軍艦を守るために集団的自衛権が必要だ」とか「それをやらなければ日米同盟が崩壊する」という論理は、おかしいだろうと思います。何の前触れもなく攻撃されれば被弾は免れない。それを日本が守れる状況であるということは既に攻撃を想定して警戒態勢に入っているということです。それは奇襲ではない。奇襲でないなら、米軍艦が自分で守れる。

ミサイルの話に戻すと、アメリカに飛んでいくミサイルを落とさなくていいのかという話もあります。弾道ミサイルを落とすにはどうやるか。最初に大きな一段めのロケットがあります。これはブースターといって、それが燃え尽きたところで、弾頭部分に与えられる運動エネルギーのトータルが決まるわけです。あとは、その惰性で飛んでいく。だから、ブースターが切り離された段階でレーダーを使って弾頭部分の動きを捉え、それをコンピューターで計算して、弾頭が描く放物線をはじき出す。そしてその将来の飛んでいる位置に向かって迎撃用のミサイルを打ち上げてぶつけるというのが、ミサイル防衛システムなのです。

だから、これは言うまでもなく結構難しい作業で、特に北朝鮮から撃たれたミサイルは、日本に届くのに十分もかからない。七、八分のことだと思います。それで、第一段のロケットが燃え尽きたところから計算を始めて、そして迎撃ミサイルを打ち上げて、それが飛んでいく時間も勘定に入れると、おそらく二、三分の余裕しかないという話になってくるのです。

それでも、日本に向かってくるミサイルは、そのような今のシステムで、ある程度対応ができます。それにもかかわらず落ちてくるものはどうすればいいか。被害をできるだけ出さないように、着弾地の周辺の人たちは避難をさせるなど、そのような対策まで全部トータルに合わさって、初めてミサイルからの防衛ができるということになります。しかし、それ以前に最も大事なこととして、先ほど申し上げたアメリカの抑止力があり、それゆえに北朝鮮はミサイルを持っていても撃てないという状態があるわけです。

二〇〇六年の七月五日、北朝鮮が未明から夕方まで、七発のミサイルを撃ったことがありました。そのとき、私は官邸の危機管理センターで情報分析や記者発表、安保会議の準備などをやっていたのですが、「え、何で、こんなにたくさん撃つの」と思いました。スカッドミサイルという短いものと、日本に届くノドンミサイルと、それから、これは失敗してすぐ爆発してしまったらしいですが、新型のテポドン2といって、ハワイかグアムを狙っているらしい、そのようなものを全部取り混ぜて撃っているのですね。

これは、私なりに後日考えた結論ですが、要するに、北朝鮮が仮にアメリカ相手に戦争をしようとすれば、在日米軍にしろ、在韓米軍にしろ、グアムの基地にいる米軍にしろ、そのようなところから反撃が必ず来るわけですから、どこかを残しておくわけにはいかないのです。仮にミサイルをアメリカに向けて撃ったとしても、在日米軍が手つかずに残っていれば、すぐそこから反撃されて、自分たちが負けてしまうわけですから。複数のミサイル発射の持つ意味は、その点にあるのだろうと私は分析しています。要は、北朝鮮に届くすべての米軍に、それらを同時に制圧する能力があるのだぞということを見せつけようとしたのです。

去年の三月にも、北朝鮮はミサイルの発射準備をしました。そのときに労働新聞には、三沢も、横須賀も、沖縄も、アメリカ本土も、ハワイも、グアムも、わが方のミサイルの射程内にあるという、非常に挑発的な脅し文句が書かれていました。これも、同じ発想だと思います。

在日米軍を放っておくわけがない

アメリカに向かってミサイルが飛んでいくということは、アメリカの抑止力がすでに機能しなくなったか、あるいは、アメリカの抑止力にもかかわらず北朝鮮が意を決して戦争をしかけるときですから、在日米軍を放っておくわけがない。それはとりもなおさず日本有事に必ずなるということです。そして日本有事であれば、集団的自衛権の問題ではなくて、個別的自衛権として、やれることは何でもやれるようになるのです。いずれにせよ、おそらく北朝鮮はそのようなことはできないとは思いますが。

先に七月五日の例を出したのは、その時はなぜこの日なのかと思ったのですが、それはアメリカ時間の七月四日、つまり独立記念日なのですね。あれは、アメリカに対する外交的なメッセージだったのです。その後に、小泉さんから安倍さんに総理が変わり、安倍さんが中国に行っている十月九日に、北朝鮮は今度は核実験を行った。この日は何の日かというと、コロンブスがアメリカ大陸を発見した、アメリカのナショナルホリデーです。

このように、あの乏しい資源の中で北朝鮮は、アメリカに対する唯一の外交カードとして、ミサイルと核に集中的に投資をしている。外交カードである以上、使ってしまえば意味がありません。ひとたび使ってしまえば、体制が崩壊するような事態になるほどの報復を受けることも、承知している。それでも何とか、「サンフランシスコが火の海になるぞ」というような脅しは効くかもしれない。効くかもしれないが、そのようなことを言っている間は、逆にまだ撃つ気はないということでもあります。それは「東京を火の海にする」のでも同じことです。

ミサイル防衛システムとは、先ほど説明したように、軌道を計算して、将来の予測位置にぶつけていくシステムです。だから、アメリカ本土に向かうミサイルを落とさなければいけないと言っても、アメリカ本土に向かうミサイルは、北極圏を通って、日本からどんどん離れていくわけです。それを後から、足も遅い、上がる高さも低いイージス艦の迎撃ミサイルで、どうやっても追いつくわけがありません。だから、集団的自衛権の有無にかかわらず、物理的に不可能な想定だと言っているのです。

グアムに向かうミサイルであれば、グアムの近くにイージス艦を待機させて迎撃することはできる。しかし、そうなると、今度は日本に向かうミサイルを誰が迎撃するのか、ということになります。日本は、ミサイルを落とせるイージス艦を六隻に増やそうとしていますが、アメリカは三十隻持っている。それを考えれば、グアムは米軍が、日本は自衛隊が守るという役割分担におのずとなってくると思います。

そういうことを軍事的、外交的、政治的に、戦略のところで申し上げた「物事の本質は何か」ということを踏まえて考えないといけないということです。やはり外交カードとしての核・ミサイルは、使えばおしまいだということは、本人たちも十分分かっています。だから、そこでこちらも脅しに乗らないようにしなければならない。しかし、国民の安心のために一兆円をかけてミサイル防衛システムを導入したこと自体は、その程度で一定の効果があるのであれば、それでいいとも思っていますが。

ミサイル落下の被害？

ただ、そこでもう一つ、ミサイルについて考えなければいけないこととして、二〇〇九年四月のミサイル発射の時に、日本ではミサイル防衛能力を持ったパトリオットＰＡＣ３というシステムが導入されていました。二〇〇六年の時にはまだなかったのですが、〇九年にはＰＡＣ３を展開しないとまずいという議論があったわけです。それで、あるものは出しておかなければいけないということで、秋田と岩手にＰＡＣ３を展開した。

ただ、そこまでやると今度は、ならば岩手県と秋田県の人を疎開させなくていいのかという議論が出てくるわけです――それに対しては私は、「いいかげんにしろ」と言ったのですが。そのようなことをしたら、北朝鮮が人工衛星を打ち上げると言うたびに、少なくとも外出禁止令を出したり、住民を避難させたりすることになる。当時は金正日《キム・ジョンイル》でしたが、私が金正日なら、これは面白いから、時々そのようなことをやれば日本経済は大混乱だという話になってしまいます。

だから問題は、本当に日本に落ちてくるリスクがどれだけあって、国民にどう訴えるかなのです。ＰＡＣ３を出せば、当然住民は不安に思う。だから私は官房長官にお願いして、日常生活をそのままやってくださいというメッセージを出してもらいました。ただ、万一落下してくるようなことがあれば、すぐに自治体を通じて情報を流して、「堅固な建物の中に入ってください」という警報をながす準備をしました。とはいえ、どう考えても狙いはハワイの近くだから、途中で故障して日本に落ちてくる可能性は、天文学的にきわめて少ない確率です。でも、確率がある以上は何かしなければいけない。では、その確率に備えるために、日常生活面でのコストをどの程度まで払うかということが、今度は問題になるわけです。

そこのリスクマネジメントは、私が官邸にいる時に何度も考えたことです。やはりこのようなところは、国民に余分な負担や心配をかけてはいけないと。しかし、本当に万一のことの計算は、われわれはしておかなければいけない。どう計算をしても、やはり個人的には、被害が出ることはほとんどありえないという結論に達しましたが。

まず、一段めが完全に正常に燃えなければ、日本にそもそも届きません。日本海の真ん中に落ちることになります。一段めが完全に正常に燃えて、二段めに火がつき、二段めが何らかの理由で途中で止まった場合、このときに初めて、日本のどこかに落ちる可能性が出てきます。ただ、それでも二段段めが長い時間燃えてしまうと、日本を越えてしまうので、その間の数秒間に故障が起きるかどうかという、その確率の問題なのです。

では仮に故障が起きたとして、ヒドラジンという毒性の強い推進剤が燃料に使われており、それが落ちてくれれば、半径一〇〇メートルぐらいの人が健康障害を起こすという話がありました。しかし、その場合は大気圏に突入して落ちてくるのだから、多分その間に大気との摩擦熱ですべて燃え尽きるということが、私の判断でした。だから、官房長官にお願いして、「どうぞ心配なく日常の生活を送ってください」というアナウンスをしてもらいました。一方で、PAC3は、あるものを何とか使わないわけにはいかないからということで展開はさせた、という顛末です。そこのバランスを取るのは、結構難しいことなのだと思います。

アメリカが、9・11テロの時にあらゆる民間機の飛行を一時停止しましたが、あれも経済的、社会的なダメージは大変にあるわけです。だから、そういった対応をどこまで、本当に現実の必要と照らし合わせて考えてゆくかということです。確かに、派手にたくさんのことをやったほうが、政権として見栄えはいいかもしれない。でも、基本的に国民に負担を強いることなので、それはやはり最小限にしなくてはいけません。そこは結構迷うところだったと私は思います。アメリカに飛んでいくミサイルを落とさなくていいのかなどという心配をする前に、こういったことを、政治にはぜひ、日頃から心配しておいていただきたい。

ハイジャック機を撃ち落とすべきか

私が悩んだことのもう一つは、ハイジャック機の話です。ハイジャックされた飛行機が国会や官邸に向かって飛び込んでくるときに、撃ち落としていいのか、撃ち落とす命令を誰がするかということでした。本当にそのようなことができるのだろうかということは、ずっと私には悩みの種でした。本当にそれをやろうとすれば、一番地上の被害の少ない状況でやらなければいけない。仮に、ハワイからの太平洋便がハイジャックされて来るのであれば、鹿島灘辺りに行って落とさないといけないのです。しかし、鹿島灘では、まだそれが東京に向かってくるかどうかは誰にも分からない。だから、そこで落とすという判断はなかなかできないでしょう。これは間違いなく東京に向かっている、本当に落とさなければいけない、ということが分かるのは、もう東京に入ってからです。けれども、そこで落とせば地上に大変な被害が出るわけです。だから、それはなかなか悩ましいことなのです。

マイケル・サンデルの「熱中教室」というのをＮＨＫで見た時に、そのテーマをたまたまやっていました。アメリカは学生が軍にたくさん行っていますから、集まった学生の中で軍隊経験のある若者たちは、当然落とすべきだという反応をする。そうでない人たちは、それは乗客に対する殺人になる、そのようなことを人間が勝手に決めてはいけないという反応になるわけです。

私は、当然これは何とか落とさなければいけないと、ずっと考えていたのです。なぜそういう意見になるかということを今考えてみると、それは手段を持っている立場にいたからです。迎撃できる手段を持ちながら何もしないというのは、やはり人間にとって耐えがたいことなのですね。しかし、では本当にそれが正しいことなのかということについては、やはりまた別の判断にならざるをえません。それは、多数の人命を守るために少数の人命を犠牲にすることが正義かどうか、という問題です。そういう論理でなければ、おそらくあらゆる戦争も正当化できない。防衛官僚であった私の判断も、そうでした。問題は、だれが責任を負うかということでした。国会に向かっている場合、国会の中にいる政治家には状況が分からない。しかし、自衛隊のパイロットにすべての責任を負わせることではない。そこで、私なりの結論としては、撃墜の判断はパイロットに任せるしかないが、彼は、形式上は殺人の罪に問われることになる。銃をもってフェリーを乗っ取った犯人を射殺した警察官も、殺人容疑で取り調べを受けています。この場合は、正当防衛として罪には問われなかったのですが、無実の乗客を殺せば、やはり殺人です。私は、そのとき少なくとも主犯は、撃墜を許可した総理大臣でなければならないと思ったのです。もちろん、それを進言した私自身も共犯になるでしょう。そういう手順が共有されて初めてハイジャック機の撃墜が、個人ではなく国の意思としてできるようになる。

しかし、今考えてみれば、ことはそれほど単純ではない。ハイジャックをしたテロリストにとっては、国会や首相官邸というのは一種のシンボルであって、要は市民に恐怖感を与えればいいのですから、どこであっても大勢を殺せば目的を達成できる。途中で撃ち落とされたとしても、乗客を殺して社会に恐怖感を与えるという目的は達成できる。彼らは最初から死ぬ気ですから、撃墜することが抑止力にはならない。撃墜することは、シンボルを守ることであって、むしろ大量殺人という目的に手を貸す行為なのかもしれない。

これは恐らく永遠の悩みにならざるをえないことであり、政治が一番判断と責任を持たなければいけないのはそのような場面なのだろうと、私は思うのです。3・11の原発事故の時も、現場にとどまれと指示することは、ある意味、死ねということと同じでした。われわれは、守るべき価値がなんであるか、そのために最も合理的に考えた結果、他に選択の余地がないという場合に、初めて他者に犠牲を強いることができるのだと思います。それはもう、自分が死んだほうがはるかに楽なくらいに苦悩に満ちた選択になるはずです。今日の集団的自衛権の論議のように、日本人も血を流さなければアメリカに守ってもらえない、などと、抽象的な気分で語れるような話ではないのだと思います。

守るべき価値がある国かどうか

物理的、技術的にミサイルを防ぐ、尖閣を守る。今でもある程度のことは当然できるはずですが、憲法解釈を見直さなければできないかという議論をする前に、そもそもそういう事態とは一体どのような事態なのだろうということを、政治家には大いに悩んでもらいたい。とても卑近な言い方をすれば、自分の息子が自衛隊にいて、「尖閣を守れ」と、「上陸作戦に行け」と言われたときに、あなたは親として、大喜びで万歳三唱で送れるのですかということです。それは他人の子供も同じことです。

政治家である以前に、そのような一人の人間としての当然の苦悩もなしに、「血の同盟」などという言葉を軽々しく使うということは、本当に許せないことでもあります。また、若者たちには、聞いていて耳に心地いいことは入りやすいが、しかしそれは、現実にはどのようなことなのか考えてほしい。つまりそれは、人が死ぬ、あるいは人を殺すということです。あなた自身がそのようなコストを負う気があるのかどうかが、問われていかなければいけないのです。でも、それをしていくと、国を守ろうとする者が一人もいなくなるではないか——いなくなるかもしれませんね。

だからこそ、本当にこの国が、守るべき価値がある国なのかどうかが一番大事なのです。

どういうことかといえば、自分がきちんと自己実現できる、そのような国であるがゆえに守るということではないでしょうか。そのようなところを抜きにして、郷土を愛する、美しい自然を愛する、国を愛するという話は、あまりにも命を懸ける対象としては抽象的すぎます。

美術鑑賞の対象としてはそれでいいかもしれない。しかし本当に若者の命を懸けるかという、それにどう責任を負うかということを考えた場合はそうではないでしょう。政治家は自分の命令で、海上保安庁の人も、自衛隊員も、死ぬかもしれない、そのような命令を出すわけですから。そのようなときに自分は、何の、どのような哲学的な確信を持って、その人たちにどのような説明をして納得してもらうのかという、そこがなければとてもできることではないと思います。まして、法律を作ればそれで俺たちの仕事は終わりというような話ではない。今の集団的自衛権やら、尖閣防衛の議論を聞いていて、一番感じることはそういったところです。政治家の仕事は、自分が属する立法機関である議会の一員としては法律を作ることでしょうが、その法律によって国民が義務を負わされることになるのですから、国民が納得して従うことができるような法律でなければ法律が活かされない。

国民が従わないから罰則によって強制する、そのような法律を「悪法」というのです。

国民が納得する法律を作るためには、国民の気持ちを理解しなければなりません。血の通った政治とは、そういうことだと思います。まして国を守るということは、自衛隊員に危険を冒すことを求め、「銃後の」国民にもさまざまな犠牲や我慢を要求するものですから、自衛隊員と国民が、この国がそれに値する国であることを納得しなければならない。国民の怒りや感情をあおって法律を作るならば、そのツケはやがて国民にかえってくる。

9・11テロに対する怒りから、やみくもにアフガニスタン・イラクに攻め込んだアメリカも、今日、七千人の兵士の犠牲や戦費支出によって生じた膨大な政府債務に苦しんでいます。「戦争は、軍人に任せるにはあまりにも重大な決断だ」と言われていますが、いまや「戦争は、政治家に任せるにはあまりに重大な決断」になってしまいました。

間違った情報に基づく戦争

アメリカはもちろん、日本の迎撃ミサイル導入の働きかけをしていました。私が防衛審議官の頃にも米国防省と議論しました。私が提起した疑問は、実際にあたるのか、買えるような値段におさまるのか、ということでした。直接には石破防衛庁長官の時で、とにかくお金がかかることだし、役人が二の足を踏んでいるときに、石破さんがプッシュして、閣議決定をして、導入を決めた。ですから、必ずしもアメリカ要因だけではなかった。やはり北朝鮮のミサイルに対してどう対応するかです。仮にミサイル防衛システムがなければ、北朝鮮への対応は、外交攻勢を強めるかあるいはミサイル発射基地への攻撃能力を強化するなど、全然違った議論が展開されていたでしょう。

九八年に、三沢基地のある青森県の上をミサイルが通った時に、面白かった日本の反応があります。当時与党だった自由党から言われたのは、小沢一郎党首の地元である岩手県の上空を通っているのに、おまえたちはなぜ平然と見ているのだと。それは関係ないだろうと思ったのですが。

ともあれ、そのようなことで危機感が高まったということはありました。私は当時防衛庁の情報本部にいました。あのとき、われわれは仲間内で、「ついに黒船が来た」と言っていました。これでいよいよ防衛は予算も増やせると、そのような思いはありました。ただ、少しやりすぎたような、そんな感じもしていますが。

あのときは、まだ全然対処方法がなかったので、まったく情報の仲間うちの世界での扱いでした。情報と運用のつながりが難しいのは、情報というものは、基本的に知っていることを秘密にします。それによってこちらの情報能力を知られないようにするためです。

だから私たちは、ミサイル発射の兆候があるという情報を、一切運用側には伝えていませんでした。運用側にしてみれば、いきなり撃たれたという思いになってしまった。かなり、仲たがいもしました。

私がそれはそれで正しいと思っていたのは、そのようなことを運用サイドに言うと、部隊を動員して、大騒ぎになって、すぐにマスコミにもばれてしまうからです——結果的には約三週間前に産経新聞にすっぱ抜かれているのですけれども。ミサイル発射準備に関しては私たちはあらゆる情報手段を使って、監視をしていましたから。

あのときも北朝鮮は人工衛星だと言いました。当時のイージス艦はミサイル防衛能力はなかったのですが一定程度のデータを取っていました。でも、その解析が当時の日本ではできなかったので、アメリカに持っていきました。アメリカの反応は非常に政治的なもので、「北朝鮮がそう言っているのだから人工衛星だろう」などと言っていました。確かに、ミサイルにしては弾道が低く、人工衛星になるため地球の引力と釣り合ういわゆる『第一宇宙速度』をクリアしており、最終的に何らかの小物体が放出された形跡はありました。その解析結果を受けて、防衛庁でも何回か会議がありました。私が特に強硬に主張したのは、これは技術的にはミサイルとまったく同じで、現に人工衛星そのものは存在していないのだから、「ミサイルの発射と断定すべきだ」ということでした。

それも振り返ってみると面白いと思いました。やはり情報の評価というところにも、政策目的なり、政治性が反映されるのですね。うそでない限りにおいて、二とおり、三とおりの解釈ができる中で何を選択するかということは、やはりそこは政策目的との整合性ということになってくるのです。当時、マスコミの中には人工衛星なら問題ないという空気もありましたが、軍事的な評価から言えば、北朝鮮にとって必要なものは人工衛星ではなくミサイルだったわけで、技術的には両者が共通していることは間違いなく、ミサイルであるがゆえに日本にとって重大な問題なのですから、ミサイルと断定したのは、その後の北朝鮮の核・ミサイル開発の進捗を見ても、正しい判断だったと思っています。

ただ、情報と政策の関係ということを考えていくと、行き着くところはやはりイラクの大量破壊兵器の問題です。当時、私はまだ防衛研究所にいて、直接の政策情報にはタッチしていませんでした。それでもアメリカがあそこまで言うのだから、絶対イラクは大量破壊兵器を持っているに違いないと、個人的には確信していました。そして、イラクが武装解除に応じない以上は戦争もやむをえないという立場で考えていたのです。

ただ、サダム・フセイン体制が倒れて、米軍や国際機関がいくら捜索しても結局大量破壊兵器は見つからなかった。それでも、自衛隊を戦後復興支援のために派遣する法律はできており、戦争の当否はともかくとして、戦後復興はしなければならないということで、自衛隊を派遣することになったのです。でも、あのような間違った情報に基づいて戦争が起きるということ、それを日本政府が支持したこと、それがどういうプロセスで決まったのか、何が問題だったのかということ、これは後世の教訓としてきちんと検証しておかなければいけないことだと、退職してからはずっと考えています。

政策決定プロセスを国民に明かすこと

なぜこのような問題が起きるかといいますと、やはり情報の判断にも政治性、政策性があるわけですね。しかし一方で、政策が強引に事を進めようとするとき、情報屋はどうするかといいますと、「いや、違う可能性もあります」と言って、普通は止めにかかるのです。情報というものは基本的には限られています。物事を一〇〇パーセント解明できるような情報はありません。では、その限られた情報、あるいは矛盾する要素を持った情報を、どちらの方向に向かって判断するかといいますと、それはその政策をしたい政策サイドが、あるいは政治家が、アメリカの場合はブッシュ大統領が戦争をしたかったわけですね。最終的には、それに合わせた結論に情報が引っ張られていったわけです。

だから、本当に止めようと思えば、「いや、それは違う角度からの見方もある」ということで、情報屋としては材料があったわけです。当時を振り返って、後からCIAの中でそのような批判も出ています。やはり、情報と政策の緊張関係というものが健全に保たれていないと、政策の間違いを内部的にチェックすることはなかなか難しい。私はこの感覚をずっと持っているのです。それは、ある意味永遠の課題のようなところがあるのですが。

去年NSC法案が国会で審議されている時に、私は衆議院で参考人として呼ばれて意見を述べる機会がありました。情報にしろ、政策にしろ、一〇〇パーセントいつでも正しいということはありえない。NSCに法律上の義務として各省からの情報提供を義務づけるということが、あの法案の一つの鍵でしたが、そのような情報を特定秘密に指定すれば、政策決定プロセスが半永久的に明かされないままに終わってしまうわけです。

そこの問題の本質は何かといいますと、まず出発点は、とにかく政策も、情報も、一〇〇パーセント完全ではないという謙虚さを持つことです。そのうえで、自分の政権のためではなくて、失敗したらしたでしようがないけれども、国として本当に、その経験をどう蓄積して生かしていくのかという制度を作らなければいけないのだと思っています。

それゆえに、政策決定プロセスは、三十年などと言わず、とにかく日常的にきちんと国民の前に明らかにして、どこが間違っているのか、間違っていなかったのかという判断を、主権者である国民ができるようにしていく。それによって、完璧な制度などというものはないとは思いますが、国民がより間違いの少ない、より賢い政府を求めることができるようにする。そこが一番の民主主義の根幹なのだろうと私は思ったので、そのような意見を述べてきました。どこまで議員の皆さんに通じたかは分かりませんが。

やはり、自分の経験を振り返ってみても、自分も明らかに失敗したことが幾つもあるし、とにかく政府のやることは完璧ではありません。それを、政府自身がそのような考えに立って、そのような目で情報をしっかり客観的に見なければならない。特に大きな、戦争をするかしないかというような判断については、それが非常に重要なことなのだと思うのです。太平洋戦争に至るプロセスについては、すでに多くのことが語られています。一方、戦後の七〇年間、日本は戦争をしたことがない国です。そして戦後の世界は、アメリカやソ連という大国による戦争の時代、さらに今日は、国際テロといった国家以外のグループを相手にする戦争の時代ですから、戦争の教訓を学ぶには、これらの戦争と、そこに至ったプロセスを振り返ることによって、戦争という政策判断のプロセスを疑似体験しなければなりません。戦争に共通する要因は、偏った情報による誤算だからです。そうした検証をしないまま、集団的自衛権という、他国の戦争への加担が論じられているのは、事故例の講習を受けずにドライビングテクニックだけで運転免許を取ろうとするようなもので、本当に危ない。

5　日米同盟のバカの壁

日本はアメリカの要請を断れるのか

集団的自衛権の行使について、限定的容認と言っても、アメリカから明確な要請を受けたときに本当に断れるのかというと、とても私は断れないだろうと思っています。先ほど言ったイラク戦争を振り返る作業を自分でやってきた中で、当時の国会議事録を山ほど読み直したのですが、その中に、「日本はアメリカの武力行使に反対したことは一度でもありますか」という質問に対して、「ありません」と答えているやり取りがありました。

反対したことがない理由は、幾つもあります。イラク戦争前、クリントン政権の時に行われたイラクなどへの空爆に対しては「テロに対するアメリカの断固たる姿勢を支持する」

という言い方をしてみたり、旧ユーゴスラビアでセルビア軍がイスラム系住民を迫害したことに対するNATOによるユーゴ空爆の時は、人道的な危機に対する軍事介入の正当性をめぐって判断が分かれていた時期で、安保理決議がまとまらなかったのですが、そのときは、「動機においては理解できる」と言いつつ、「当事者ではないから客観的な事実関係が分からないため、違法か正当かということは今は述べる立場にない」など、いろいろな言い方をしている。

しかし集団的自衛権ということになれば、日本ではない他の国、特にアメリカがやっている武力行使が本当に正しいものかどうかという判断をしなければならない。アメリカが違法な武力行使をしているのであれば、日本も違法の戦争の片棒を担ぐことになります。そこは、「当事者ではなく事実関係が分からない」とは言えない。アメリカを支援する形で当事者になるのですから。しかし、今までの政府の考え方からすれば、とてもそのようなところをきちんと判断して、「アメリカがやっていることはおかしいから賛成できない」とは言えないと思います。そうならないためにも、これまでのアメリカの武力行使――それは、ベトナム戦争・イラク戦争も含めて掃いて捨てるほど実例があるのですから、その検証をしなさい、と言っているのです。

ところで、国会議事録を読み返している中で私が最高傑作だと思ったのは、周辺事態法の審議の時のやり取りの中で出てきたものです。それはズバリ、アメリカが違法な攻撃をしたときに、日本がそれを支援するということは、日本も違法な戦争をすることになるのではないかという質問でした。これに対する政府の答弁は、日米安保条約には「国連憲章とその他の国際法を遵守する」と書いてある。その条約にサインをしているアメリカは、国連憲章その他の国際法を守らなければならない義務を負っている。したがって、アメリカが国際法に違反するわけはない。そのアメリカを信用しなければ同盟関係は成り立たない。だから、アメリカが違法な戦争はするということはないのだという答弁でした。これはすごい答弁だと思いました。要するに、「アメリカが違法な戦争をすることはないと信じている」と言っているに過ぎない。

そのような頭でずっと来ている政府が、本当にアメリカの武力行使なり、戦争なりに、適確な判断ができるとは思えない。それを頼まれたときに、また断れるとも思えない。だから、今は、それは限定的容認など、いろいろなことは言うかもしれないが、その限定というのは、所詮一つの政府の判断としての限定ですから、将来的には当然それはアメリカの必要に応じて拡大していく、一度拡大すれば、法解釈として再び限定するということはありえないので、さらに無限定になっていくという方向性を持った限定容認なのです。そのような意味でも、今の集団的自衛権の議論には非常に危うさを感じるのですね。

別に難しい話、無理なことを言っているのではなく、イラク戦争という実例があるでしょうと言いたいのです。あのとき、安倍総理も自民党の幹事長だったので、政権の中でどのような議論があったかということはご存じでしょうと。イラク戦争を支持するプロセスはどのようにしてなされたのかということをひとつのテーマにして、集団的自衛権の、アメリカが要請したときの日本側の判断基準は一体何かということを、きちんと議論できるのではないかということを言いたいのです。そのような議論が決定的に抜け落ちているということですね。

地理的な歯止めがない

他国の領海・領土での集団的自衛権の行使は、その国の承諾を取らなければならない。でも、それは当たり前のことです。承諾もなしに他国の領土に軍隊を送り込めば、それは国連総会で決めた「侵略の定義」にいうところの侵略ですから。

アメリカが攻撃を受けたという事実がまず必要で、それから明確な救援の要請があるということが必要というのは、かつてソ連が集団的自衛権を乱用して、チェコやハンガリーやアフガニスタンにどんどん軍事行動を取った、それへの反省から出てきている原則です。だから、同盟国が攻撃を受けたという事実があること、それと、そこから明確な救援の要請があるということは、集団的自衛権の乱用を防ぐために必要な当然の要件ですので、それはまったく歯止めにも、制約にも、ならないのです。

ついでに、そのことは「日本の安全にとって重要な影響を及ぼす場合」という要件でも同じです。日本の安全に影響するというキー・ワードは、片やペルシャ湾に機雷が撒かれれば掃海しなければいけないというようなことも議論されているように、何ら地理的な歯止めにもならない。そもそも集団的自衛権の論拠が何かと言えば、今や世界中のあらゆる事象が日本の安全に直結しているという認識で積極的平和主義が唱えられて、その流れで集団的自衛権が出てくるわけですから。

だから、日本の安全に重要な影響を及ぼす場合とは一体どんな場合なのかということも議論する必要がある。

日米同盟の話になると思考停止する

イラクの話について、もう少し言っておきます。すでに申し上げたように、当時、私自身はアメリカの武力行使を支持するという立場にいました。なぜそのような結論になったのか自分なりに振り返っていくと、日米同盟を維持しなければいけないということが、非常に大きな目的としてあったのだと思います。特に、私は九七年のガイドラインの見直し作業もやりましたし、それにイラクに自衛隊を派遣する仕事もやってきましたが、やはり日米同盟の維持が、最大の政策目的のように考えていました。でも、本当は日米同盟も、日本を守るための一つの手段であるべきなのです。手段である日米同盟の維持を目的にしてしまったところに、一番大きな原因があったのだと、自分なりに総括しています。そうすると、そこから先の議論ができなくなるわけですから。

目的と手段の混同というのも、われわれが陥りがちな思想の迷路の一つだと思います。その代表的なものが大学入試ではないでしょうか。少なくとも私の場合はそうでした。高校二年生の夏休み明けに、進路を決める時期がやってきます。進路というのは言うまでもなく理科系か文科系か、国公立か私立かといった受験すべき目標となる大学を決めるということです。私の場合は東大文科系を目標にしましたので、あとはその『目標』の実現に向かって猛勉強することになるのですが、これが言うほど簡単ではない。多感な年ごろでしたので、好きな女の子のことが頭に浮かんだり、歴史的事件の年代を暗記したりすることに何の意味があるのかと思って放り出したくなったりしながら、それでも「俺は東大に行くんだ」という「目標」に向かって勉強するわけですね。そして念願の東大に入り、部活も決めて学生生活に慣れてくると、「俺は何をしにここに来たのだろう」という目的が分からないことに気が付く。考えてみれば、彼女もいない。何を勉強してどういう人生を送りたいのかもわからない。そこで、とりあえず、私は以前から武道が好きだったので空手部を選んだのですが、空手の練習と、部の仲間と酒を飲みながら他愛もない話をすることだけが生きがいのようになってくる。

これは、成長過程にある未完成の人間にとってはやむを得ないことだと思います。つまり、そうやって今の自分が何を目標にするのか段階を追って決め、それを実現したら次にまた何かの目標を作らなければ成長できないのですね。しかし、それはもっと大きな人生の生き方の中では、「目標」ではなく、目標に到達するためのステップであり、手段に過ぎない。大学生活は、その意味で目標がないことに気が付いて、決まらないままに悩むことが許される貴重な時代だったと思います。そこで、小説やら哲学書やら、学校の単位とは関係のないいろいろな本を読み、自分なりに不十分に吸収しながら、自分なりに培ってきた未熟な人生哲学を持って社会人になっていく。

私が防衛庁に入ったころ、日本の自衛隊の実力は、中学生レベルと言われていました。アメリカ軍という先生の下で基礎的な「学力」は身につけていたものの、社会の荒波を一人で乗り越えるほどの、つまり、自衛隊だけで実戦をやるだけの力はない、というレベルです。その後、私が中堅の官僚だったころになると、それは一九九〇年代ですが、自衛隊は日米共同訓練を盛んにやって、米軍の実戦のノウハウを学んでいきました。例えば、訓練の休憩時間になると自衛隊は道端に座って休むが、米軍は道路から離れた茂みの中で休む、それは、戦地を想定した休み方なのですね。細かいことで言えば、自衛隊の階級章は金色や銀色で光を反射するものでしたが、米軍の戦闘服の階級章は黒で、夜間に敵の標的にならないようにしていた。自衛隊は、そういうことを一つ一つ学んで吸収していきました。今では、戦闘場面ではそういうノウハウが生かされています。大学生レベルにはなったのではないでしょうか。

九〇年代のもう一つの特徴は、冷戦が終わって、戦争よりも国際貢献の仕事が出てきたことです。この分野では、カンボディアで最初のＰＫＯに参加したのですが、住民とどのように触れ合うか、どのように身を守るかといったことに関しては、若葉マークのPKOだったと思います。

そのころ、「人間四〇になったら自分の顔に責任を持て」という言葉が流行していました。一九五〇年に警察予備隊として発足した自衛隊も四〇歳を向かえていました。私の尊敬する先輩もその言葉を使って、いつまでもアメリカに頼らずに自分の存在感を持てと言っていたことを思い出します。われわれ政策にかかわる官僚に対しては、冷戦が終わったのだから日米同盟が当然のことと考えてはいけない、中国やロシアとの同盟ではなぜいけないのか、自分の頭で考えて結論を出さないと日米同盟そのものが健全ではなくなるよ、という問題提起だったのだと思います。そういうことを考えていた人であったがために、アメリカからも厚い信頼を得ている人でした。

この人が中心となって、細川護熙《もりひろ》政権の時でしたが、有識者懇談会が開かれ、冷戦は敵が明確な時代だったが、これからはそうではない時代なので、敵を中心に考えるよりも味方を増やすことが安保政策の中心課題になるという、「協調的安保」の思想が盛り込まれた報告書が出されました。この考え方は、中国という厄介者が出てきた今でも、アジア諸国との連携を中心課題にする、それは、中国包囲網ではなく、中国に対してもこの輪の中に入ったほうが得だよというメッセージになるという戦略思想の中に生きていると思います。

この報告書では、続けて日米同盟によるアメリカの存在が、アジアのバランスを保つ公平な仲介者として重要であることが書かれていたのですが、アメリカの中の対日政策を担っていた人々の反発を生みました。日本がアメリカよりもアジアとの協調を先に打ち出すことが、アメリカ離れにつながっていくのではないか、という懸念です。おりしも、北朝鮮が核開発することを発表し、地域の安定のためには引き続きアメリカの軍事的存在が必要だということになって、日本防衛よりもアジア地域の安定のための日米同盟という形で同盟の価値が見直されることになった。アメリカは、アジア地域に冷戦時と同じ一〇万人の兵力を維持する方針を発表します。そこへ今度は、沖縄で、海兵隊の兵士が地元の少女を暴行する事件が起きる。米軍がアジアに兵力を維持するためには、基地を安定的に使える状態にしなければならない。そこで、海兵隊が駐留している普天間基地を移設して地元に返還し、基地が集中する沖縄の負担を軽減しなければならなくなったわけです。

対外的には北朝鮮の脅威があり、国内的には米軍基地の安定使用という大きな政治課題が起きたことによって、結果的には、日本の防衛政策はアメリカとの関係を基軸として再構築されることになって、地域的な協調も、その範囲の中で考えられていくことになってしまった。それは、私の実感から言えば、日米同盟のバカの壁をのり超えるチャンスでもあったのに、かえって塗り固める結果になってしまった。やがて、二十一世紀に入り、アメリカで9・11テロが起きると、テロとの戦いをキーワードとするアメリカの戦略の中で、自衛隊のインド洋・イラクへの派遣が行われ、私の仕事も、同盟維持を目的とした自衛隊海外派遣に重点がおかれて行くようになった。

アメリカにおんぶの戦後日本

沖縄の基地問題について言えば、鳩山政権の時に、「最低でも県外」という公約が掲げられました。それを実現しようとしたが、最終的には「学べば学ぶほど抑止力が大事だ」ということが分かったということで、方向転換をする。ただ、それがなぜかと言えば、やはり最後に日米同盟というものを突きつけられると、そこで思考停止してしまったということだと思うのです。日米同盟は、私はもちろん必要だと思いますが、そこは最終目的でも、思想の出発点でもないということを、認識しなければいけない。だから日米同盟が今、日本全体の「バカの壁」になってしまっている。そこを突き破らないと基地問題も解決しませんし、もっと言えば、この集団的自衛権の問題も解決しないのではないか。それはアメリカからの戦略思想における自立ということだと思うのです。

これをたどっていくと、実はとても根が深くて、そもそも日本が一九五二年に独立を回復する前に、まずアメリカなどの連合軍による極東裁判があって、それを受け入れる。そして、アメリカから今の憲法を提示されて、それを受け入れます。日本はそうやって再軍備をしませんということを誓約した。ではどうやって守るのかと言えば、アメリカが守るのだということで、日米安保体制ができるわけですね。それがセットになって、日本が独立していく。ところが、日本が独立した時には、すでに米ソ冷戦が始まっている時代で、そこに朝鮮戦争もあって、アメリカは警察予備隊を作れと指示をしてきた。独立後にそれが保安隊になって、さらに自衛隊になっていくのです。

結局、戦後の日本は、「安全保障はアメリカにおんぶします」ということを前提にしてスタートしてきたわけですね。その中で、できるだけ自助努力を高めていくということで、防衛力を増やしていった。そのような流れの中で、アメリカに対する政策的、戦略的なチャレンジは、そもそもしようがないというか、する必要がない状態でスタートをしたのです。ずっとソ連という存在があったわけだから、アメリカのやることにできるだけ便宜を図り、しかし、平和憲法の解釈の範囲内でできる限りのことを、ということでやってきたわけです。

そのときに、われわれ官僚も、おそらく政治家の皆さんもそうだったと思いますが、「アメリカがこう言っている」というところがスタートになるわけです。そのこと自体を覆そうという発想ではなく、与えられた所与の前提条件として、平和憲法の中でどう当てはめていくかというパズルを一生懸命やっていたのが、今日までの日本の在り方だったと思うのです。

戦略的に、戦略思想の面でまだ自立していないと思うことは、例えば民主党政権の時に検証作業があった核密約の問題です。ずっと昔から、核を積んだアメリカの船が日本に寄航していないなどとは、実は誰も思っていなかったのですが、有事の核の持ちこみが密約としてあったことがけしからんという議論になった。それよりも、有事に核を持ち込むこと、あるいは有事以外でも、核を積んだ船を世界中に展開していたわけですが、それがいいかどうかということは、要は、もしかしたら日本をベースにアメリカが核を使うかもしれないという問題ですね。あるいは、北海道にソ連が攻めてきたというケースがあれば、日本防衛のためと称して、北海道で戦術核兵器が使われるかもしれない。そのようなことを日本の総理大臣がオーケーできるのかということを考えなければいけなかったはずなのです。しかしながら、核を使うのはアメリカなので、日本の判断が及ぶところではないという認識があります。

こういったところを称して、私は日米同盟が「バカの壁」になっていると言うのです。日本は核を持たなくても、アメリカの核をどのように使っていくのか、使わせないでいくのかという思想は日本も持てるわけですから、そのようなところを考えていかなければいけません。同じように、それを基地問題に当てはめて、鳩山さんの話につなげるならば、海兵隊は抑止力ですと言われて、「ああ、そうですか」と引き下がってしまう。そこは違うでしょう。

沖縄の海兵隊は日本に必要か

だから、アメリカは抑止力だと言うけれども、本当にそうなのでしょうか。それは沖縄でなければだめなのか、他の手段で代替できるのか、あるいは、そもそもそれは抑止の役割に当たっているのか、という議論をしないといけない。そのような議論もなしに、「学べば学ぶほど」ということで公約を変えてしまうことは、本当に物の考え方において、あまりにも対米従属だろうと思うのです。

その対米従属と基地問題についてもう少し言いますと、この前の参議院選挙中、沖縄に基地の県内移設に賛成する議員は誰もいなかった。その後、自民党の中央が、沖縄選出議員に圧力をかけて変えさせてしまう。知事が、政府が出していた辺野古沖埋め立ての申請を許可しやすくするために知事の与党である沖縄の自民党の態度を変えさせたわけです。それを受けて知事は、年末になって埋め立ての許可を出す。「これでいい正月が迎えられる」というようなことを言って。私は、それは知事の苦悩の選択だったと思っていたけれども、あの喜び方を見ると、そうではなかった。一種の出来レースだったのだと思うと、私は非常に頭にきました。年明けに名護市に行って、海兵隊など沖縄にいなくてもいいのだという講演をやってきたのです。私のような無名の人間なのに、一五〇〇人も集まってくれたのですが。やはりそれだけ関心が高いということで、沖縄のパワーはすごいと思ったのです。

それは別として、代議制の民主主義のもとで掲げた公約を、途中で自分たちの党派の都合で変えてしまうことは、代議制民主主義の原点の否定です。それから、仲井眞知事が認めたと言うのも、いろいろな条件闘争をやっていたからでしょう。私は、県民の代弁者である沖縄県知事の基本姿勢は、県内移設に反対の立場だとずっと思っていました。それを認めたのは政治の力学でしょうがないとしても、あまりにも喜びすぎています。

基地問題の本質は、日本の民主主義の在り方とも関わってきていると思います。今、中央の政治はまともな野党、力を持った野党がおらず、与党の中では十分な議論がなされていないという状況です。唯一安倍さんのタカ派路線に懸念を表明してブレーキ役になっているのがアメリカだけだというような、そんな情けない状況の中で、本当に日本の民主主義がどうなっていくのかが問われている。住民があれだけ明確に反対しているのに、代議制民主主義の原点である公約を変えてまで、辺野古移設の環境作りをしていくようなところが本当におかしい。中央の政治がそのように、大事な問題について、実は機能してないのだと思うのです。

そのような中で、福島と沖縄はとても面白いと思いました。中央の政治と全く逆方向の民意をきちんと反映した選挙結果が出ている。だから案外、中央の政治に期待できないときは、そうやって地方から民主主義をもう一度復活させるということをひとつの方向性として、今後考えていく必要があるかとも考えたのです。それは余談ですが。

やはり問題の本質は何かというと、沖縄の海兵隊が日本にとって必要な抑止力であるのかどうかということです。そこの説明が、本当に説得力があるものならば、沖縄県民も多少の負担は我慢するのだろうと思います。ただ、全体として多少ではないのですが。

そもそも抑止力とは何かと言えば、相手が攻めてきたときに「目的を達成することができないよ」という意味の拒否力の側面と、それから、「攻めてきたら、もっとひどい仕返しをしてやるぞ」という報復、あるいは懲罰といった側面の両面がある。日米の役割分担の中で、日本が負うのはその拒否力の方で、アメリカが担っているのが報復の方だということが、今までの日米の共通理解になっていた。

だから、抑止が成り立つためには、いずれの抑止力であっても、いざとなればそれを使うという意思と能力があり、それが相手にもそうだと認識されて、初めて抑止力というものになってくるわけですね。では、アメリカは海兵隊を尖閣に投入して使う気があるのか。先ほど申し上げたように、軍事的にはアメリカの国益にとってほとんど価値のない、無人の岩を守るために、アメリカ兵の命を危険にさらすなどということがありうるのか。以前の冷戦時代であればともかく、アフガニスタンとイラクでアメリカは七〇〇〇人の兵士を失い、今は軍の立て直しが最大の急務になっている。このような状況の中では、とても尖閣にオスプレイが飛んでいって海兵隊が守るなどという選択肢はないように思われます。

それが先の、「俺たちを巻き込まないでくれ」という発言につながります。

昔、日米安保でいつも問題になっていたのは、日本がアメリカの戦争に巻き込まれるのではないかという話だった。今日の国際情勢の特徴は、アメリカが日本の戦争に巻き込まれることを心配しているという、非常に面白い、昔とは違った珍しい状況が現れているのです。だから、アメリカがいざというときに使う気がないものを抑止力とは呼ばない。そのところを皆、感じているから、抑止力だという説明がなかなか説得力を持たないのだと思います。

いや、海兵隊は確かに3・11の震災の時も、とても助けになったではないかと。それはそのとおりなのですが、あのときに海兵隊がどこにいたかというと、シンガポールの近くで訓練をしていた。そこから強襲揚陸艦エセックスに乗った海兵隊が駆けつけて、救援してくれたのです。つまり、災害のことを考えれば、沖縄にいてもいなくても、それは当然にやってくれなければ困りますし、やらなければいけないことですよね。

では、災害に対処することは抑止力でしょうか。それは明らかに違いますね。地震を抑止することはできないわけですから。だから、それは抑止力ではありません。仮に抑止力だとしても、去年オスプレイが導入されて、防衛省の説明では、オスプレイは今までのへりと比べて四倍の航続距離があるという。ならば、「ああ、それでは、同じ仕事をするためには、四倍遠い所にいてもいいのですね」ということにもなる。それなのに、そのような説明がまったくなされていない。だから、そのようなことに対しても、沖縄の人たちは非常にうさんくささを感じているのです。

政府はオスプレイが来ることは分かり切っていたのに、いよいよ配備されるということが本決まりになってから、つまり実際の配備の半年前に、初めてそれをオープンにした。そのような姿勢のすべてが、沖縄から見れば許しがたい差別に映るのです。そもそも、これが差別であるゆえんは何かといいますと、沖縄返還の時、当時アメリカはベトナム戦争をやっていたわけですが、仮に朝鮮半島で何かあったとき、基地使用の自由がなければいけないということでした。

差別の局所化

沖縄はまさにアメリカの施政権下で、自由に使われていたわけですから。有事の核持ち込みと、周辺での有事の際の自由な使用ということを約束して、沖縄の返還を実現した。その間に、本土でもいろいろな事件がありました。私も子供の頃の事件で覚えているのは、ジラード事件です。群馬県の相馬が原という、今、陸上自衛隊が駐屯しているところです。そこへ、金属がお金になる時代だったから、近所の農家のおばさんが薬きょうを拾いに来ていました。アメリカ兵がわざと薬きょうをばらまき、拾いに来たところを撃ち殺すという事件がありました。あれはとても国民的な憤慨を呼んだ。それから東京の立川でも砂川闘争と言われる基地拡張の反対闘争もありました。

本土の基地は、アメリカに従属していることの象徴になっていました。六〇年代末から七〇年代にかけて、アメリカは本土の基地の整理縮小を始める。それをどこに持っていくか、純粋に減らした部分もありますが、沖縄に持っていくわけです。特に沖縄の海兵隊は、一九六〇年代に岐阜から移駐しています。

抑止力だと一貫して言っていますが、どこの国の何を抑止しているのか。アメリカの戦略はどんどん変わってきています。けれども、日本政府の説明は、一貫して「抑止力」ということです。今や本土では、アメリカの海軍の基地や飛行場はあるが、地上部隊という意味でのアメリカの存在は、目に見えないものになりつつあります。その問題は本土では解消したが、沖縄に集中している。それが沖縄返還の条件でもあったということです。

やはりこれは基本的に、地域差別の問題なのです。つまり、本土では具合が悪いところを、辺境である沖縄に押しつけて、矛盾をいわば局部化してしまう。では、今度は沖縄の中でどうするかというと、普天間という町の真ん中の人口密集地から辺野古という人口の少ないエリアに移せば、より危険性は減るでしょうと、このような論理です。いくら人数は少ないと言っても、その影響を受ける住民はやはり辺野古にもいるのです。だから、それは今度は沖縄県内の、一種の地域差別ですね。より人口の少ない所であれば、より影響が少ないからいいではないかということで、差別の局所化がどんどん進んでいるという側面もあると思うのです。

そのような視点でこの問題を見ていかないといけない。最終的に基地と暮らしたいかどうかは、やはりその地元の人たちの判断を尊重しなければなりません。「どうする、沖縄」などと、名護市の市長選挙の時、私が沖縄に行った数日後に自民党の石破幹事長が五〇〇億円の振興策をひっさげて現地入りしている。問われているのは政府であって沖縄ではないのに。

お金で代償を払わなければいけないということは、受け入れた以上は当然のことなのですが、沖縄はどうせ基地がなければ生活ができないのだろうという意識があります。でも、名護市に向かって、では、五〇〇億というお金を選びますか、それとも、お金を断って基地に反対しますかという選択を迫っていますが、沖縄としてみれば、基地がある以上、その基地はまったく生産性はないわけだから、お金をもらわざるをえないのです。あたかも沖縄県民の自由な選択であるかのように言うことは、間違いです。それはやはり一種の、社会的な強制なのですね。

そのあたりが結局、今の若い人たちの不満の原因ともつながっている。派遣労働は、若者のニーズにこたえて多様な働き方を保障するための制度ですと言うが、誰もそのような不安定な職場を心から希望しているわけではなく、他にしようがないから、そのような派遣労働でも何でも受けざるをえない。それは個人の選択というよりは、やはり一種の社会的強制なのです。まして、従軍慰安婦の問題でも、強制という具体的な事実はなかったと言うかもしれないが、ではあの時代に、植民地化された朝鮮半島の女性が、「私は嫌だから」と言って本当に断れたのかと。それは職業選択の自由として語られるべきことなのか、ということですね。

橋下大阪市長が去年、そのようなものはあって当然だというようなことを言っていましたが、では、あなたは六人も子供がいるのですから、お嬢さんを出しますかという問題ですね。実はそのように見えない形で、銃剣やブルドーザーで強制はされなくても、社会的にそう選択せざるをえないという問題がついて回るわけです。

基地問題も、派遣労働の問題も、従軍慰安婦の問題も、根っこはそこで一緒になっていると私は思っています。だから、当事者たちがそのようなところに本当に気がついていかないと、問題の解決はなかなかできないでしょう。基地については、沖縄は長い歴史があるから、当事者たちは十分理解をされているわけですが。

これからは、ばらばらに切り離された派遣労働の若い人たちをどうしていくかという課題が問われています。「連合」（日本労働組合総連合会）の会合でも話をして、私はあまり労働問題、経済問題に詳しくありませんが、そのようなことをやっていかないと、労働組合の存在意義はなくなりますということを言っています。だから、直接話すのは安全保障であり、日米同盟の問題、集団的自衛権、基地問題であるけれども、根っこはそこでつながっているのですということを、私は申し上げているのです。

ところで、問題の根っこを捕まえるということは、自己実現のためにも重要な課題になると思っています。問題が大きいほど根っこも深く、解決は容易ではありません。多分、私が生きているうちに解決できるような展望を持てないくらい容易ではない。ただ、根っこを捕まえれば、問題の根源がどこにあるのかが分かる。問題の根源が分かれば、正しい批判ができ、多くの人と問題意識を共有することができる。そうやって自己主張していくこと、それ自体が自己実現に向かう道だと思います。自己実現に完成はありません。目的に向かって努力することそのものが、すなわち自己実現だと思います。私は、それなりの年齢になってしまいましたが、生きている限りは自分の頭で考え、問題の本質、すなわち根っこを探り当てて主張していきたいと願っています。多分、私の思うとおりにはならないけれど、それが私自身の自己実現なのだと思っています。それは、しんどいことですが、自己実現の道筋だと思えば、苦労が生きがいにもなって行くのだと思います。

アメリカは日本を見捨てられない

どの程度アメリカに依存したらいいかというのは、難しい問題ではありますが、要するに何を依存していくかということをはっきりさせていくことです。もちろん、日本の力では及ばないところはあります。例えば核兵器、あるいは他国に対する大規模な懲罰的な武力行使など。そんなものは日本にはできません。それはもうアメリカに依存するしかない。アメリカだって、何も日本のためにただの親切心でやってくれているわけではなくて、アメリカの世界戦略としてそのような方針があり、そのために日本に基地を持つことが必要だから、日米安保は成り立っている。何も後ろめたい気持ちになることはないのです。アメリカは、自分の国益のために、日本を直接守るというよりは、日本にできないことをやろうとしている。だから、日本にできることは何で、日本にできないことは何だということをはっきりさせる。自分ができないことを、依存することはやむをえないところです。その代わり、アメリカにもできないことがあります。それは何かということです。それは何かというと、中国や北朝鮮の近くに絶対沈まない航空基地を持っているということです。それは何かというと、在日米軍基地です。アメリカの空母でもそんなことはできません。そのようなものを日本はアメリカに提供しているわけです。同盟というのは、お互いのギブアンドテイクで成り立っています。だからそこのバランスがどう崩れているのかいないのか議論していかないと、なぜ集団的自衛権がなければいけないのかということも、実は答えが出ない話なのではないか。

逆らったらアメリカは日本を見捨てるのかという話は、限度を超えれば当然、そのような心配はあります。やはり同盟関係で、多くの日本人が一番感じているのは、見捨てられる恐怖です。あるいは巻き込まれる恐怖です。それならば、単に恐怖しているだけではなくて、それに対して自分はどのような回答を用意するかということです。ではアメリカは日本を見捨てるかというと、日本の基地を必要としないことは、アメリカの戦略上、成り立たない。ゆえに、日本を見捨てることはできないのです。では尖閣はアメリカが守ってくれますか。そのような個別のコミットメントは、アメリカは、絶対にしない。そんなことを約束したら、アメリカとしては、戦略的な自由度を失ってしまう。はなからそこは、むしろ自衛隊の役割だと日米の間のガイドラインで決められています。尖閣防衛に当たって、アメリカに何を期待するのか。中国本土への爆撃か――それは多分、できません。それをやられてしまったら、日本も困ります。つまり尖閣諸島という狭い範囲で、ある程度決着をつけようと思っているときに、拡大してはいけません。だから拡大を防ぐための行動を、アメリカに期待するのでしょう。それは先ほどの海兵隊が飛んでいくことなのかというと、多分、違います。むしろ爆撃機や空母を出して、中国に対してメッセージを送るというようなことです。その裏で外交的に早く協議をして話を付けろとアメリカが仲介するような、一番、考えられるシナリオは、そんなことでしょう。

アメリカは戦争に巻きこまれることが許せない

アメリカとしては、なぜ日本を見捨てないか、しかしなぜ日本にべったり味方しないかということ、オバマが弱腰だ、民主党政権だからという人もいます。確かに個人的なニュアンスで動く部分もあるでしょうが、もっと本質的なアメリカの国益から考える必要があると、私は思います。中国からいわせると核心的利益という話になってしまうけれども、アメリカにとっての核心的利益は何かというと、一つは、アジアの地域で覇権国を作らないことです。アジアを支配する国が出てくることは、許せないわけです。少なくともアメリカが六割、他の国が四割ぐらいの持ち株比率でアジアをコントロールすることが、アメリカの国益です。アメリカも一〇〇パーセント持つ力はないし、その気もないが、自分よりも他の国が筆頭株主になるのは、許せないのだと思います。

アメリカは昔、日本がロシアの脅威を感じて日露戦争をやった際、日本がふらふらになってダウン寸前のときに、タオルを投げて和平仲介をし、ポーツマス条約を結んだ。そのときに賠償金を取れなかったといって、当時の外務大臣であった小村寿太郎は日本国内では大いに批判されたが、あれも外交の戦略的な妥協としては、私は正しかったと思います。だから外交というのは、私は本当に妥協のアートだと思っています。アメリカはなぜ日本にタオルを投げてくれたかというと、ロシアにあの地域で威張られては困るからなのです。そして次に出てきたのは何かというと、日本です。日本が大東亜戦争でアジア地域をわがものにしようとしたときに、それは許さんといって日本を今度はたたいた。そして冷戦のときは、ソ連を封じ込めることで、アジアを味方に、自分の勢力圏に置こうとしていた。今日、相手が中国ということになってくると、やはり中国がアジアを取りしきるような、あるいは少なくともアメリカよりも力を持った支配者になることは、絶対に許せません。そこはアメリカも武力を使っても阻止するでしょう。一方で中国がそのような気を起こさないように、軍事的な力を見せつけながら、他方で、武力衝突を直接しなくていいように、今いろいろな話し合いのルートを付けて、中国をまともな国にしようと思って説得はしている。

もう一つ、アメリカが許せないことは何かというと、アメリカという国は、やはり自分の国益のために自分の判断で戦争をするのが特権だと思っているし、現実にそれが超大国の特権です。だから自分がやりたくないときに、勝手にどこかの国の戦争に巻き込まれるのは、アメリカが二番めに許せないことなのです。それが表れているのが尖閣をめぐる日本と中国の争いに、アメリカが巻き込まれることに対する心配なのです。だからアメリカが見捨てるなどという心配は、当面まったくないけれども、今は逆にアメリカが、日本の戦争に巻き込まれることを心配している。それは心配というよりも、実はアメリカの国益にとって、基本的には絶対許しがたいことです。そこを見誤ると、アメリカの虎の尾を、日本が踏んでしまうことになりかねません。私は別に反米でも何でもないので、日米同盟を健全に機能させる立場から考えるからこそ、そこは日本もよほど慎重に対応していく必要があると思います。

沖縄の基地攻撃にアメリカは反撃する

実際にもし日本と中国が戦争になって、例えば中国から日本にミサイルが飛んできたとする。アメリカは日米安保があるからといって、アメリカ本土への攻撃をかえりみず、中国に反撃するだろうか。そのことを疑問視する論者がいます。私は、米中戦争は、アメリカと中国のどちらにとってもありえないシナリオだと思います。中国が日本にミサイルを撃ち込むとすれば、米軍基地を狙います。沖縄のアメリカ海兵隊などは、ミサイル三発で全滅してしまう、だから沖縄に集中することは危険なのだということで、今、オーストラリアのダーウィンも含めたいろいろな地域に順番に移動するローテーションも進めています。政治的にはありえないシナリオでも、軍はそのようなシナリオに備えて、それによって有利なポジションを取ろうとしている。今、アメリカが考えている新しい戦争のやり方は、エア・シー・バトルコンセプトと言って、中国のミサイルの射程外から、より遠距離から中国の奥地まで一気に制圧するような戦争のやり方です。専門家の中には、そんなものを実際にやれるわけがないという人もいます。けれども、あくまでもいざというときの最後の備えとして、それは持っていなければいけないという立場の人もいます。財政難の中で、ちょうど前方展開よりお金のかからない形で、本土にどんどん引き上げられるものは引き上げるなど、そのようなトレンドには今あるわけです。

けれどもそれは、アメリカが日本を守らないということを意味しているわけではありません。やはり中国との、あってはいけないけれども仮になった場合の戦争の手法における軍事的合理性を追求しながら、今、再編をやっているわけです。日本を手放すことは、アメリカにとっては、もう覇権国ではないというか、超大国ではないことの証になってしまう。いわば、アジアを中国に譲るということです。それはアメリカの国益上、ありえないでしょう。さりとて、実際の戦争になっては困る。ミサイルを撃ち込まれたら、という前提をアメリカに聞いても、撃ち込まれないようにする、そのための抑止力は持っているという答えしか返ってこないだろうと思います。

本当に沖縄の基地がやられたら、そのときは、アメリカはやり返すはずです。それは日本のためというよりは、アメリカ自身の沽券《こけん》にかけてやると思います。ただそのときに、コントロールの利かない無制限の核の打ち合いで、地球が滅んでもいいというような戦争は、できないわけです。そのコントロールをどうするか。今、米中両国とも、お互いに間合いを探って考えているところなのではないでしょうか。それが出来上がらない限りは、実はすごく軍事的に不安定な時代であることは間違いありません。

冷戦時代、例えば北海道の野付半島や標津《しべつ》のオホーツク海沿岸のところと国後島との間は、大砲の弾が届く距離だった。そのようなところにお互いいれば、本当に純軍事的にいえば、先にやった方が勝ちなのです。先に奇襲攻撃すれば、必ず戦争は勝てる。ではなぜしないか。それをやったら、今度はアメリカ本土から大量の援軍が来て、自分の方がぼこぼこにやられます。そこで応戦したら、最後は核ミサイルが飛んできて、両方とも滅んでしまう。だから先に手を出した方が有利でもあえて出さないという、それが冷戦時代の抑止力の構造だったのです。

ではそれが今どのように効いているかというと、米中の間で核の打ち合いをして、お互い一文無しになってしまうことは、絶対考えません。どこで止まるかという相互認識がないと、ある意味、抑止が一時的にマヒしている状態ではあるのです。けれどもそれはお互いに危ないということを認識していますから、手を出すこともできないわけです。確かに冷戦的な抑止力の成立がなくなってしまったことを考えれば、小さな軍事衝突が起こる可能性は、理屈からいえば高い。けれどもどこまで進むのか、そこが今、お互いに見えていないから、その不安が、ある意味抑止力になっているような部分があるのではないでしょうか。

だから今、米中両国がどこまでやったらアメリカは本気で怒るか、どこまでいったら中国は本気で反撃してくるかという探り合いを盛んにやっている。B-52を中国の防空識別圏の中にいち早く飛ばしたのもそうです。中国がいろいろな形で西太平洋に出てきて演習をやったり、アメリカの空母を潜水艦で追いかけ回したりしているのもそうです。私は二〇〇四年の十一月、中国のやかましい古い原子力潜水艦が日本の領海侵犯をしたとき、官邸にいました。当時も今も、領海内の潜水艦にどう対処するかという議論しかしていないのだけれども、なぜあそこを通ったのか考えてみると、多分、グアム辺りでアメリカ海軍の動向を見ていた潜水艦がとっくに見つかっており、アメリカの潜水艦に追いかけ回されていたのだと思います。必死になって逃げるときに、振りきるために日本の領海を突っ切ったのではないかというのが、私の推理です。まさに水面下で、いろいろなお互いのやりとりが行われている。でもそれは戦争につながるというよりは、お互いの出方を見極めるためのジャブの応酬のようなことが今行われていて、やがてどこかで相場観ができてくる。そうすると、これは希望的観測かもしれませんが、もう少し状況は安定してくるのではないか。私がそのように考える根拠は、冷戦時代のアメリカとソ連がそうだったからです。八〇年代に、米ソの海軍は日本近海で激しいつばぜり合いをしていました。秋田県沖の日本海で、アメリカの軍艦によって漁網が切断される事件がありました。あの時は、米軍の演習が乱暴だという批判があったのですが、背景には、多分、水中のソ連潜水艦を追い掛け回していたという事情があった。軍隊というのは、そういう特別の事情がなければ、わざわざ漁網が設置されているような場所で縦横無尽に走ったりしないものです。そういう衝突間際の経験を何度も積んで、米ソ海軍の間に暗黙のルールが出来上がっていった歴史があります。米中の場合、アメリカの側にそうした経験値がありますので、ルールに合意することは冷戦時よりも可能性が高いと思います。

中国がこのまま軍拡を続け、国防予算をこのまま増やしていけば、アメリカを追い越すといわれています。ただ、現状ではアメリカの国防費が、一〇年間で四倍になったとされる中国の国防費の数倍です。また、それはあくまでも年度ごとのフローの話で、今までの膨大なストック（蓄積）の差は、数十年は埋められない。だからアメリカは、ＧＤＰで追い抜かれたとしても、中国に負けるというようなことは、まったく心配していないと思います。中国も、アメリカに勝てるとは思っていません。ただ西太平洋辺りまでアメリカの自由な行動をさせない程度の実力は持ちたいと考えているし、アメリカはそうさせまいとしているというのが、現状だろうと思います。

6　同盟疲れ

自分のものがない同年代の政治家

私は小学生のときに都内のバス見学で、下の方だけ、四つ足がつながったところまでできている東京タワーを見た記憶があります。だから、ちょうど「三丁目の夕日」のころに子どもだった時代です。

焼け跡から復興して、頑張って汗をかけばそれだけ生活がよくなるという、ある意味、すごく前向きに、親たちが生きていた時代だった。どんどん上に伸びていく東京タワーはその象徴でした。子どもも増えてきました。私の前の年はすごく子どもの数が少なかった。戦争が終わった年、父親が日本を離れて戦地に行って、都市が破壊され、都会の児童が田舎に疎開して家族がバラバラになっていた年ですから、生まれる子供も少なかった。私は、戦争が終わった翌年の生まれです。家族がそろって、物はなくても平和に暮らせるようになれば、生まれる子供の数も増えるのですね。小学校に入ったときは、クラスが増えて、さらに次の年、次の年とどんどん子どもの数が増えていきました。いわゆるベビーブームです。当時は五十五人、六〇人近くが、一クラスにいました。それでも教室が足りず、家庭科室や図画室などの部屋がどんどんなくなって、みんな普通の教室になっていくような時代を経験しました。

高校生のころには東京オリンピックがあり、新幹線ができました。私は新婚旅行で広島の原爆ドームを見て、それから松山の道後温泉に泊まってというコースで行きましたが、当時は岡山まで新幹線があり、そこから先は普通の在来線の特急に乗り換えていくような時代でした。

新婚旅行より以前の話ですが、七〇年に大学を卒業して、防衛庁に入りました。そのときの先輩たちはみんな学生や子どもとして戦争を実際にその目で見てきています。私が採用されたときの防衛庁長官は中曽根康弘さん。この方は実際に海軍主計将校でした。そのように戦争を体験した世代、あるいは戦争を実際に横から見ていた世代が私たちの上司、先輩にずらっといて、そういう人たちは目標が非常にはっきりとしていた。「日本を立て直して、経済的に発展させて」という、大変ポジティブな、前向きな生き方をしていて、われわれはその背中を見ながら育っていったという印象があります。

今振り返ってみると、当時は先輩のやることを、見よう見まねしながら育っていく時代だったのですが、実は同じ世代の人間に、菅直人や鳩山由紀夫という人たちがいる。菅直人さんは、当時まったく面識はありませんでしたが、私と同じ高校の同期の卒業です。それから鳩山由紀夫さんは、おそらく東大駒場の一年先輩です。学部も全然違い、もちろん、二人とも当時から面識はありませんでした。

ただ、二人が総理大臣になり、高校の同級生たちが、「せっかくわれらが同期が総理になったんだから、激励文を書こう」ということで、五、六人の有志で激励文を書いて、菅直人の事務所に持っていったのですが、秘書の対応がなっていなかったことに腹を立てたことを記憶しています。それなりの期待感はありましたが、皆さんがご存じのようなていたらくで、そこで私が思ったことは、「自分たちの世代って何なんだろう」。先輩の背中を見て、それに素直に従い、あるいは時には反発しながらも、要は自分たちの目安となる先輩の生きざまがあり、それとの見比べの中で自分が生きていたという印象が強い。それは何かと言うと、自分のものがないということです。自分の人生の原点になるような、強烈な原体験がないということなのです。

ただ、非常にポジティブではあったと思います。高度経済成長があり、毎年のベースアップが相当ありました。公務員の場合は人事院勧告が出て、給与法が秋の国会で改正され、十二月に、四月にさかのぼり、ベースアップの差額が支給されるのですが、それがボーナスよりも多かったりという、そのような時代です。そのかわり、よく働いて、一番多いときには、残業手当を月二〇〇時間ももらうような、残業手当の方が本俸よりも多いこともありました。だからそれなりに、働いて、頑張れば見返りはあるということがわれわれの人生の中にすり込まれてきていました。もっとも民間企業に行った友人に聞くと、公務員である私の倍のボーナスをもらっていて、ショックを感じたものですが。

さりとて、駆け出しの官僚ですから、高度経済成長や、今の安全保障の日米安保の枠組みなどを作ることには直接タッチしていません。だからそれらはわれわれにとってはもう与えられたもの、それを当たり前のものとしてずっと見ている人生だったように思います。そんなわれわれの世代が「じゃあ、今度は君たちの番だから、国を運営してごらん」と言って渡されて、できなかったのが鳩山、菅という同年代の人たちの政治だったのではないかと思っています。

だから、私が強烈に感じていたことは、官邸で政策決定プロセスの中枢を経験させていただいたわけですから、その経験をベースにして何とかそれを後世に伝えること――私の特別な個人的経験ではなく一般にも通じる、普遍的なものに翻訳し直して、発信していくということです。世の中のあるべき姿を指し示すなどと、それほど大仰なことは、自分の人生体験からはとてもできませんが、そのような形で残していく作業を最低限していかなければいけません。自分たちが失敗したことも失敗したこととしてお伝えしていかないと、次の世代が一体何を目標にしていいかわからない。

われわれは、戦争を体験して、「日本を復興させるんだ」という意欲に燃えた上司、先輩に従って、仕事をして、もう自動的に目標が与えられていたように思います。ところが私たちの後輩、部下である世代の人たちは、何をわれわれから感じてやってきたのでしょうか。公務員にしろ、何にしろ、職業に伴う技術的なノウハウはあるから、そういったものはもちろん教えていくことはできますが、もっと大事な価値観のような部分で、一体何を残せたのかと言うと、自信が持てるようなものがないのです。そのような作業を、これからの残された人生の中でやっていかなければいけないと、切実に考えるわけです。

アメリカの要求にどこまで応じればいいのか

やはりそのようなことが、今の政治状況にもすごく影響しているように思います。私が生きてきた時代は日本が右肩上がりで、そんな日本が経済をしっかりやっていき、みんなが豊かになる。「ジャパン・アズ・ナンバーワン」と言われた時代もあったわけです。そのような中で、今ある日本を肯定的に見る時代精神と言うか、社会的雰囲気が無条件で受け入れられていた。

これはわれわれ個人の責任と言うよりは、そのような時代の流れなのですが、では、私たちが育ててきたはずの人たちはどこにそのような価値判断の基準として、よりどころを求めていくのか、ということがなかなか見えません。今、自分の息子たちも含め、若い人たちに「我慢して頑張って、働け」「働けば必ず今よりもよくなるから」と自信を持って言うことができません。そのような状況ではなくなっています。

そのような中で、国家像もまた、非常に見えなくなっている。みんなで共有して持てたはずの「三丁目の夕日」の世界のような国家像が見えなくなっています。その中で、「働いて、みんなで頑張りましょう」という時代精神ももう変わってきている。今の日本の政治の混乱の原因は、多分そこが一番大きな根っこになっているのではないかと思います。

もう少し具体的にいうと、例えば鳩山民主党政権が選挙で二〇〇九年に誕生しています。二〇〇九年はどのような年だったかと言うと、安全保障政策では、アメリカがイラクでまだ泥沼に足を突っ込まれながらも、ある程度は成功して、今度はアフガニスタンに力を入れようとしていました。陸上自衛隊は二〇〇六年にすでに撤収していたから、私のところにも「今度はアフガニスタンで何とかしてくれ」「協力してくれ」という話が、二〇〇八年にはありました。そのときにアメリカは「イラクのようなシンボリックなものではなく」と言っていました。要は形ばかりのことではなく、「もっと実質的な協力をしてくれないか」という要望です。

当時はねじれ国会でそのような法律はできません。イラクに自衛隊を出すことで、日米同盟は最良の時代を迎えたと言われていました。それはようやくイラクという同じ土俵の上で、軍事的リスクを共有する「真の同盟国になる第一歩」などと言われて、非常に持ち上げられていましたが、結局アメリカの目から見ると、それはしょせん形ばかりのものだったのでしょう。

言われてみれば確かに、イラクでやっていたサマーワの復興、学校を直す、水を配る、医療の指導をするという仕事は、日本でなくても誰かができることでもあります。C

130が一日一便、荷物を運んでいましたが、これも多国籍軍全体で一日一〇〇便の輸送をしている中での一便ですから、「日本がやらなくたって、誰かがやるさ」というレベルの話だった。それでも大変な状況ではありました。われわれにとっては大変な苦労であり、自衛隊にとってもそうでした。

アメリカから次から次に「助けてくれ」「協力してくれ」と言われて、おつきあいしていきます。そのような中で当時、「じゃあ、一体どこまでやればいいんだ」という、多分、朝日新聞OBで日米関係に詳しい船橋洋一さんの作った言葉だと思いますが、「同盟疲れ」という雰囲気を、私自身も感じていました。「どこまでやれば出口が見えるんだろう」というような。先ほどの時代の流れとの対比で言えば、冷戦が終わり、湾岸戦争のときに日本はお金しか出せず、「小切手外交」と揶揄《やゆ》されました。「何とか人を出さなきゃいけない」ということで、カンボディアのPKOを手始めに、9・11が起きると、インド洋で給油活動をやり、イラクに自衛隊を出すというようなことをどんどん進めていった流れが一方ではありました。しかし判断や出口を日本自身が決められたわけではありません。いかなる理由で戦争をはじめ、いつまでやるかを決めるのは、大国の主導権です。お手伝いする側に、その権利はない、ということも、体験上よく理解することができました。

そのようなことを外から要求され、それに応じて出ていくということをやっていたのです。「じゃあ、一体どこまでやればいいんだろう」と、私は別にやっていることに意味がないとは思いませんでしたが、もう一方では「どこまで続くぬかるみぞ」というような気分はあったわけです。それをどうマネージしていくのかということを、問われていたのだと思います。だからここでも、アメリカがやると決めたらついていかなければならない、ということで、アメリカの政策が所与の前提でした。日本がアフガニスタンやイラクと戦争をしたかったわけではないので、アメリカがやるから日本は何をするか、という思考パターンです。

つまり、アメリカに従っていろいろ日本の役割を増やしていくことが当然で、それは正しいことだという時代精神が作られていきました。それは冷戦が終わり、湾岸戦争のあとしばらくの間続いて、その一番の到達点は、イラクだったと思います。あれほど危険な土地で三年近く頑張ったのですから。「じゃあ、この先、一体どこまでやればいいんだ」ということになります。それが選挙の直接の争点にはなっていなかったが、やはり安保面で言うと、そのあたりで政策の変わり目が来ていたのだと思います。

同盟のコストを減らす鳩山、増やす安倍

それで鳩山さんは何をしたかと言うと、結局そのような同盟疲れを解消するため、「どこまでやればいいのか」ということに対し、同盟のコストを減らそうとしたのでしょう。つまり普天間を「最低でも県外に移設する」ということです。しかし、それはみごとに失敗してしまった。それはある意味、現実性は伴いませんが、今までの「アメリカに従っていけば、日本の将来は明るい」という確信が揺らいだときの、ひとつの答えの出し方だったと思います。

そうしているうちに結局、「学べば学ぶほど抑止力が重要だとわかった」という発言が出て、元に戻ってしまい、その後、民主党政権は日米同盟機軸と消費税アップ、TPP容認に傾いていく。そうなると、これは自民党が言っていることと同じことになってしまう。そして、選挙をしたわけです。だとすると自民党も民主党も同じ目標を持った政策を掲げ、「それは昔、自民党がうまくやっていたよね」「昔、うまくやってた自民党と、今、目の前で下手くそにしかやれない民主党とどっちを選ぶの?」「それはもう答えは見えてるじゃないか」という、それがおととし十二月の、安倍政権が誕生した選挙の一番基本的な特徴だったと思います。

そのような形で同盟のコストを軽減し、左右という荒っぽい言い方をすれば、左の方向で修正をしようとした鳩山民主党の試みが失敗し、そして安倍さんはそれを、逆に右の方向で修正しようとした。つまり、先行きの見えない日米同盟をどうするかというときに、コストを減らすのではなく、今度は集団的自衛権ということで、日本がさらにコストを負担し、そのかわりもっと大きなご褒美をもらうということを考えたのです。

同盟疲れという、一種のアパシーというのか、時代精神の行き詰まりに対する処方せんは二つしかないと思います。コストを減らしていくのか、それとも代償、報酬を増やすかのどちらかです。前者を選んだのが鳩山さんであり、それは政治的主張としては左でした。後者の、ご褒美をもっとたくさんもらおうとしている人が安倍さんであり、それは政治的な軸から言うと、右ということでしょう。

私は両方とも正しい答えではないと直感しています。つまり自分の体験で言えば、さっき「同盟のバカの壁」ということを言いましたが、イラク派遣で大成功したが、そこから先が見えなくなってしまった。そういう現実を前にして、その路線を継承すると言っても、アメリカはブッシュ政権からオバマ政権に替わり、それ以上そのような戦争はできない国になってしまったのだから、同じような形での継承はできません。

では日米同盟を維持するためにどうするのか。もうちょっとアメリカという重荷を減らしてもらった方がいいのか、あるいは逆にアメリカにもっとこちらがおつきあいをして、そのかわり、日本が対等な大国として認めてもらうようにするのか。でもそれは、要するに振り子が左右に振れているということなので、多分両者の真ん中あたりに、もう少し正しい、長続きするコンセンサスがあるのだろうと思っています。

今は日本が自信を失い、中国に負けるのではないかという危機感があり、それがばねになって、「負けてたまるか」的な時代精神を生み出しました。本当の矛盾の根源、問題の根源は実はそこにはないのですが、そこに集中することによって、一時的に屈辱感から解放され気持ちよさは得られる。鳩山さんも安倍さんも一緒で、そこがポピュリストの政治の特徴だと思います。

それは小泉さんに始まったことなのでしょうが、分かりやすい敵を作るわけです。小泉さんの場合は「自民党をぶっ壊す」と言って、抵抗勢力という分かりやすい敵を作り、自分がヒーローになる形で支持を高めていった。今、安倍さんは中国を敵にして、それを言葉で強硬にやっつけることで、支持を得ていっているという構図です。

ポピュリズムの特徴は、理屈、論理ではなく、国民の耳に一番心地よいキーワードを語ることです。小泉さんが「ワンフレーズ・ポリティックス」と言われていたように。安倍さんもいろいろなことを語っていますが、結局ワンフレーズに近い手法だと思います。それ以上難しいことを言うと、国民が気持ちよく感じてくれないからです。だから、そのようなことも引っくるめて言えば、今、誰もが共有できる国家の目標、国家像のようなものがない中で、「やっぱり日本は強くなきゃだめなんだ」というような時代精神が培われていくのは、あえて言うなら時代的な病理現象のひとつだと見ています。

日米互いに損得なしのバランス感覚

そこで何が必要かと言えば、そのときの感情に流されて物事を判断していくのではなく、ここはもっとじっくり構えればいい。どうせ経済の規模で言えば、もう中国に負けているのです。でも、中国に負けていても、実は「三番め」はすごいことです。この間のソチオリンピックでも、日本選手が銅メダルを取ったら、新聞一面に載るではないですか。「第三位」はすごいことなのだという、そのような、もっとポジティブな捉え方をしていかないと、なかなかバランスの取れた見方はできないだろうと思います。一方で、中国は中国で非常に大きな問題点を抱えています。これから先、二〇二〇年ごろまでに、GDPでアメリカを追い抜くということが彼らの目標だという。そのためには、計算上は、七・五パーセントの経済成長を続けなければならない。そんな実需はないわけですから、そのためには財政出動をして、どんどん金をばらまいていかなければいけない。

金をばらまいて、今地方で大規模なアパートなどがどんどんできていますが、住む人がいないゴーストタウンになっている。中国語では、「クイ城」（鬼の城）などと言うらしい。投資をしても投資の収益を回収できないということです。そうすると利息が払えない。やがて元本も返せなくなるという、デフォルト（債務不履行）寸前の状態に来ています。

そこを何とかしなければいけないときに、「金のかかる国産空母を二隻も三隻も作ってる場合じゃないでしょ」ということは、中国自身もある程度は分かっています。しかし今中国自身が経済的にバブルの状態にある。ある専門家が面白いことを言っていました。「経済バブルを背景にした、大国としての心理的バブルがあるから、そういうことをやるのだ」と。

そう言えば、日本もひところはそうでした。経済成長で「世界第二位」の経済大国になって、今やアメリカをも追い越すのではないかという、アメリカを侮るような雰囲気さえ出たときがありました。これは大きな心理バブルだったと思います。その背景には不動産さえ持っていれば、永遠にもうかるのだという経済的なバブルがありました。日本中の土地の値段を合わせるとアメリカが二つ買えると言われていました。そんなことはありえないのに、計算上はそういうことになる。それこそ、実態を反映していないという意味でまさしくバブルです。経済バブルがはじけたら、心理バブルも一気にはじけてしまった。持っていた土地の値段も、株の値段も一気に下がる。投資していたものの値打ちがあっという間になくなってしまう。回収できなくなったお金は、帰ってこないのですから、文字通り消えてしまう。不動産や株に姿を変えた富というものは、働いて得た実質的な豊かさと違って、不動産や株の独自のマーケットの論理で増え続ける。しかし、何もしないのに土地や企業の値打ちが増えるわけではないので、市場に流れた金が何かのきっかけで逃げれば、一夜にして富が消滅することになるんです。これがバブルであり「失われた二十年」の特徴だったと思います。

経済面ではこのようなことで、安保面ではさっき言った「アメリカにくっついていけば明るい未来が待っている」という絵が描けなくなってしまった、この二つの要因があります。そしてその中で、世代の問題においては、われわれが単に状況の中で先輩の背中を見てきただけで、自分たちが本来持っているはずのものが何であるかを十分に伝えられずに、あるいはそれを認識すらできずに来てしまったのかなという反省もあります。
ただ、一つ言えることは、私の分野で言えば、防衛官僚として曲がりなりにも今の憲法の下で、自衛隊をあの危険なイラクに派遣して、一人の犠牲者も出さずに帰ってこさせることができたということは、率直に言って、官僚として大きなプライドを持っているところがあります。では平和憲法はじゃまものだったかと言えば、そうではない。われわれの思考方法は、憲法の解釈の範囲でどこまでできるのだろうか、ということを考える。そしてその範囲でぎりぎりのところを追及するわけです。

仮にそれでどこか足りない部分があるとすれば、そこは引き続きアメリカにお願いをする、そのかわり基地は提供する、駐留経費は払うという、そういうバランス感覚をわれわれは持っていたつもりです。だから、日米同盟については、「バカの壁」の内側で考えていたに過ぎないかもしれませんが、それでお互いに「損得なしね」というバランス感覚を同時に持っていたように思います。そのようなバランス感覚というものは、今のようにそこを議論しなければいけなくなったとしても、やはりきちんとした計算として、前提に持っていなくてはいけないのだと思います。

今の政権がやろうとしていることを見ると、そこの計算をどうやっているのか——それこそ、どこまでアメリカにふり込んでいけば本当にバランスが取れたことになるのかが、見えなくなっている。日米安保を最初に作ったときは、基地を自由に使わせる代わりに日本の安全を守ってもらうというバーターでした。日本が経済的に豊かになると、米軍が使う費用を負担することにしました。イラクでは、アメリカを支援するために人も出すようにした。基地と金と人をこれだけ負担して、それでもまだ足りないとすれば何なのか、そのバランス・シートが問われなければなりません。安倍首相は、さらに「日本も血を流さなければならない」と言う。守るべき日本の価値は変わっていないのに、守ってもらうための費用がそこまで嵩んでくるのは、一種の同盟のバブルです。どこまで行けば、釣り合うことになるのでしょうか。安倍さんが言う「積極的平和主義」も、日本が「より一層」「より実効的」「一層積極的に」世界の秩序に貢献する、ということで、程度を表す言葉が何度も使われていますが、それでは、どこまでやればいいのか依然としてわからない。何かを質的に変えるのであれば、「さらに」や「より一層」とは言わないでしょう。

質を変えるのであれば、「質を変える」ということをはっきり言うべきだし、程度を議論するのであれば、「より一層」は分かったが、「今はどれだけ足りないから、さらにどれだけやるんだ」という量をはっきり言わないと、国家戦略にも防衛計画にもならないでしょうということを、私は参議院の参考人で呼ばれたときに言ってきました。そのようなところに問題意識を持たないまま、政府の方針として固まっていこうとしています。そのような方針に従って物事が進むかと言うと、論理的に必要な詰めを行っていないのだから、進みようがありません。今はそのような状況にあるのでしょう。

7　官僚と政治家

すごい政治家がいた

話は「今の政治家がどうなの」というところに行かざるをえなくなってしまいます。私はさっき、戦争を経験した、戦中世代の人たちにいろいろ教えられながら社会人として育ってきたということを言いましたが、官僚という仕事をやっていると、自民党の政治家とのおつきあいは随分多くなります。その中で、例えば私は、一九八三年ぐらいでしょうか、大臣秘書官をやりました。そのときに、中曽根内閣で防衛庁長官に来ていた大臣が、宏池会の栗原祐幸《ゆうこう》です。

この人は、東京帝国大学の学生のときに、中国戦線で砲兵の中隊長か何かの経験をされた。それで「気に入らない上官がいたら、わしはぶん殴ってやった」などと、自ら「自分は南原繁（のちの東京大学総長）門下でリベラリストだ」と公言されていました。戦争が終わり、復学して南原先生から教えられたことは、「日本は優秀なやつがみんな軍人や官僚になっちゃったから、だからああいう無謀な戦争になったんだ」「これからはもっと野《や》に」――野とは、官ではない民間の方に――「有能な人材がどんどん出ていかなきゃいかん」ということで、静岡の農協に入って、そこをベースに政治家になっていった方です。

この人を見て、私は「あ、政治家ってすごいな」と思いました。確かに防衛実務の知識については、私が時々教えることはありましたが、例えば自民党内で、「どこをどうつつけば、どういう答えが出るはずだ」「今の国会の状況はこうなっているんだ」などということには、ものすごく細部にわたる気遣いをしています。誰と先に会って、どこに座るかということまで、頭の中にインプットされている。われわれ頭でっかちのキャリア官僚にはとてもまねのできない世界がそこにあるなと思っていました。

くしくも栗原先生は、旧制中学は東京府立八中で、これは私の出た都立小山台高校の前身だからその先輩でもありました。今年春の甲子園に、二十一世紀枠で特別に参加したあの学校です。力及ばず一回戦で敗退しましたが、スポーツが盛んで、文武両道を鍛える伝統がありました。「あの学校の伝統は、自由気ままなくせに頑固な気の利かないやつを育てるんだから、おまえは気が利かないけど、しょうがねえな」と言っていました。確かに変わっていると思ったのは、もうなくなったと思いますが、その学校のプールの長さは三三メートルでした。一往復半で一〇〇メートルになるという発想で作られたものです。

栗原語録の中でもすごく名言だと思ったことは、「柳澤君、君はね、いろいろ気を遣っていることは分かるけど、気を遣うことと、気が利くこととは違うからな」と言われて、がく然としたことを覚えています。言われてみればそのとおりです。すごく修行をしてきている人なのだなという、尊敬すべき面を私は見出していました。

それからそのころ、大蔵大臣をやっておられた人が自民党旧田中派の重鎮だった竹下登さんでした。後に竹下さんの個人事務所にいろいろな報告で行ったことがありましたが、そのときに竹下さんが「君は何をやっていたかね」といかにも覚えているように言う。「多分、覚えているわけないのに」と思いまして。けれども、あの人に限って言えば、覚えているのかもしれません。「私はこういうことで、竹下大蔵大臣の隣の席にいた栗原祐幸の秘書官をやっていました」と言うと、「ああ、そうだったね」とくるわけです。

説明が終わり、ひととおり聞いたあとで、「お土産あげる」と言う。何かというと、造幣局で作った五〇〇円玉から一円玉までの、コインのセットです。全部で六六六円です。それがきれいなケースに入っているものが、戸棚にたくさんあるわけです。それを「記念にあげる」と言って、「うん、これで君も竹下さんからお金もらっちゃったね」と笑う。当時、田中角栄首相の流れをくむ「経世会」という派閥は、政治とカネにまつわるスキャンダルで有名でした。それを自らユーモアにしてしまうわけです。これはこれで「すごい人だな」と。人たらしと言うのか、人心掌握術がすごいなと。やはり、そのようなことをやられてしまっては、「ああ、この人のために頑張らなきゃ」とみんな思います。昔の政治家は多かれ少なかれ、そのようなところがありました。

あるいはもう亡くなった山中貞則先生も防衛庁長官で来られたことがあって、非常に厳しい、こわもてタイプの方でしたが、自分の言っていることが間違っていたら、「おまえ、はっきり言えよな」と言ってくるわけです。「恐れながら、ここが違うと思います」ということを申し上げると、「ああ、そうか」と納得してくれる、そういうタイプの方でした。何かそのような政治家が持っている度量の広さというか、あるいは、一言で言えば、目的意識が非常に明確で合理的精神がある、それから周りとの関係を非常に大事にしながら、自分のパワーを高めるところ、これは本当にわれわれ官僚にはまねのできない世界がそこにあるなと見ていました。

「官僚支配」は時代の要請

私は、小泉総理は本当に自民党をぶっ壊してしまったと思います。自民党の中でも派閥があり、その中でいろいろ勉強し、切磋琢磨し、政策をぶつけ合いながら、右から左までいろいろな国民のニーズに応える窓口が党内にあって、それを吸収して政策を作っていく。だからどうしても政策は、妥協の産物にならざるをえない。それでも大きな反発は出ない、そのような政策をやってきたのだと思うのです。それを小泉さんのように、特に小選挙区制に変わったことが一番の問題の根源だと思うのですが、総理大臣の意に添わなければ公認も出さない、お金もやらない、場合によっては刺客も立てるような選挙になり、総理からにらまれたくない「イエスマン」ばかりになっていった。政治家は、「当選してなんぼ」ですから、多様な意見が反映しづらい政治制度になってきてしまいました。そして、結局は国民の人気投票のような形で総理大臣が選ばれていく時代になってしまったことが、今日の姿だと思います。でも、昔の政治家を見ると、例えば栗原先生は、議員になることやポストを得たりすることが目的ではない。何になるかよりも何をするかが大事だ、だから自分は総理だろうが誰だろうが、媚は売らないという信念を持っていた。一種のやせ我慢の哲学かもしれませんが、やせ我慢を貫くところに、その人本来の芯の強さが表れる。そして、そういう人には必ず固い支持層が付いてくる。

そう言えば、ポピュリズムの系統で言うと、小泉さんは特に自民党内の抵抗勢力を「敵」に仕立て上げましたが、民主党政権は官僚を「敵」に仕立てたわけです。「官僚支配」と言っていました。しかしわれわれは実感としてそのようなことをあまり感じていなかった。つまり、もう国として何をするべきかというコンセンサス、特に防衛などの場合には、「憲法の枠内で、同盟を維持管理する」という目標を共有していましたから。その中で技術的な、「どのようにこれを説明するか」などが求められている課題であり、要はまったく素人の大臣が来ても、組織は動くし、それで大臣が国会で余計なことを言って失敗しないように、官僚がサポートするという構図があります。

それを「官僚支配」と言うのなら言ってもいいですが、別に官僚が好んでそうしていたと言うより、そのような時代であったということだと思います。だから官僚支配を打破すれば、世の中がよくなるかと言うと、そうではなく、要するに「官僚支配」と言われる現状が続いている背景になっていた社会構造があって、右肩上がりの経済や、「みんなで働けばよくなるんだ」「公平な分配こそが正義だ」という時代精神の下で行われてきたことです。その本元に目を向けずに、現象的に「官僚が悪い」ということで、官僚をたたけば日本はよくなるという、そのようなやり方が「劇場型政治」「ポピュリズム政治」の特徴です。その意味ではさっき、戦略の冒頭で申し上げたように、物事の本質を正しく認識していないから、結局、すべての政権がそこで失敗していくことを運命づけられてしまっているのではないかと感じるわけです。

「仕事は知識でなく、人格でするんだ」

以前は、とにかく、政治家の中でもいろいろと重鎮と呼ばれるような方々がいて、違っていれば、「違っている」ということを言っていました。今やそのような人たちが亡くなったり、引退され、どんどんいなくなってきています。そのような中で、本当はもう今や私たちの世代が重鎮にならなければいけないのですが、われわれの世代は重鎮と呼ばれるほどの実績も価値観も残していない。

それで相対的な話ですが、正直、本を読んで勉強はしているかもしれないが、しっかり苦労して汗をかいた経験を持たない人たちが、今日本のリーダーになっている。そのような人たちはやはり人の苦労、人の汗を知りません。選挙区があって、「俺だって、汗かいてるんだ」と言います。それはそうでしょうが、汗をかくということは、もっと別の言葉で言えば、無駄だと分かっていても屈辱に耐えるようなこともやる、ということでもあります。人格形成に役立っていくはずのそういったことが、必ずしも十分にできていない。選挙が人気投票であるなら、そのような苦労もさほど要らないわけですから、そういう経験もないままに政治家になっている人がもう大多数を占めるようになってきてしまいました。

昔、私が国会に行き、あるいは議員会館を歩いていると、顔をみれば、政治家は大体何党の誰かということが分かりました。今はたまに行くと、本当に「誰だろう、この人」という人ばかりです。あまり世代論だけですべてを決めてはいけないのかもしれませんが、やはり今日、そのような状況に政治が陥っている原因の一つに、われわれの世代が、残すべきものの引き継ぎがちゃんとできていなかったのだという感じを持つのです。そこであえて、文脈の中で、世代論の話をしたわけです

それから栗原祐幸大臣にもう一つ言われた、「仕事っていうのはね、知識でするもんじゃねえ、人格でするんだ」ということが、私はすごく大事な言葉だと思います。私も、英語

などはすごく不得意ですが、アメリカ人と話をするとき、「別に自分の英語を売るわけじゃないんだ、自分の人格をどう伝えるかなんだ」ということを心がけていました。防衛研究所にいたときに、外人さんと話す機会も多かったのですが、研究者の皆さんから、「所長の英語は、通じていますよ」と言われて意を強くしたものです。もっとも、そこには「下手ですが」という言葉が隠されていたわけですが、こちらの考えが伝わることが大事なので、気にしないようにしていました。米軍基地で働く日本人従業員の処遇交渉の仕事をした時に在日米軍のスタッフと話すさいも、交渉ごとの大事なところは通訳に頼みましたが、日常会話ではできるだけ英語を自分でしゃべるようにしていました。私のカウンターパートもわかりやすいように丁寧に発音してくれていました。私が一年後に違うポストに異動することを電話で告げると、彼は「Don't say that.」（それを言わないでくれ）と言って惜しんでくれました。

政治家は指揮官、官僚は参謀

官僚の世界で言うと、アメリカに留学していた後輩から聞いた話で、とても面白いものがあります。アメリカ人が日本の官僚について、「日本の高級官僚っていうのは、皆さん頭はいいけど、でも、おしなべていうと、哲学を持ってないね」というのが感想だという。なるほど、自分らの世代がやっていることは、そのように見られるのだなと。やはり自分が何を主張したいのかということをもっと間違いを恐れずに、言っていかなければいけないのだということだと思います。一つはそれが、われわれが残すべき文化だと思います。ただ、そのかわり、間違えて頑張るのではなく、間違いが分かったら、それを直すだけの柔軟性もなければいけません。

次に軍隊の世界で言うと、私の好きな言葉で「参謀にとって一番大事な資質は、自分と異なる意見に耳を傾けることのできる度量である」ということを定義したアメリカの軍人がいるのです。政治家が指揮官だとすれば、われわれは幕僚、参謀だと思いますが、そういったことが本当に機能しているのだろうかということです。私は、人から学んだりする中で、それをできるだけ自分では実践しようと思って、いろいろな議論もしながら仕事をしてきました。

それから政治家との関係ですが、どうせ政治家の人たちはそれほど具体的な政策の中身などを聞いてはいません。ごく大ざっぱに言えば、それが自分の選挙にとって、どれだけ得かというようなことしか基本的には頭にない人たちだから。私たちは政策の中身を言いますが、そこを理解させようということではなく、そこでその人としっかりと信頼関係を作ることを主な目的、大事な目的にしていました。

だから自民党の幹事長室や公明党の代表や役員の所には本当に足しげく通い、とにかく足で稼ぐ、これは多分、新聞記者と同じような話でしょう。一種のセールスマンですね。そのような信頼関係がなければ、とても仕事にはなりません。特にわれわれのように安全保障や危機管理の仕事をしている者にとって、いざというときに自分たちが「こういう決断をしてください」と意見を言ったら、それで状況が一〇〇パーセントは分からなくても、「ああ、分かった」と言ってくれないと物事が進められないわけですから。そのようなところにはすごく気を遣ってやっていました。

官僚の世界で言いますと、もう一つアメリカとの関係で私が面白いと思ったことは、これはNHK出版から出た司馬遼太郎さんの『「明治」という国家』の中で、勝海舟がアメリカに行って、帰ってきて、老中に「かの国はいかがであったか」と聞かれた。勝は「さよう、かの国では、偉い人はそれなりにかしこい」と答えたという。私はこれがものすごくいい言葉だなと思うのです。日本のように、年功序列型で官僚が出世していくような、必ずしもそういう世界ではありません。だから、アメリカ人の目から見ると、「日本の高級官僚っていうのは、おしなべて言うと、哲学を持ってない」というところにつながっていくのかなと。多分、それは政治家でも同じことなのではないか。

集団的自衛権容認の外務省、慎重な防衛省

もう一つ官僚論で言うと、外務省と当時の防衛庁（今の防衛省）は結構ライバル関係にあります。外務省に言わせると、「安全保障は外務省の専権事項だ」「防衛省は自衛隊の管理だけやっていればいいんだ」ということがあります。だから外務省が安全保障政策課という課を作ろうとするときに、どこが反対するかというと、防衛庁です。そのようなつまらない縄張り争いのようなことはしじゅうあります。

もっと深刻な対立点は、今日の集団的自衛権問題でも出てきているようです。私の経験から言うと、私たち防衛官僚はずっと、内閣法制局とはいい関係を保ちながら、解釈の幅をできるだけ広げて、いろいろなことをやれるようにしようとしていました。けれども、外務省はどちらかと言うと、そこの根っこから変えようとしていました。どうせ結論は決まっていますが。外務省自身のスタンスとして、一度議論をしないといけないような感じを、私は横で見ていて受けました。

外務官僚は、集団的自衛権容認の意見の人が圧倒的に多いと思います。彼らの論拠は何かと言いますと、やはり外交の背景になる力が必要だということでしょう。しかし、外交の背景になる力は、実は並大抵の力ではないのです。それは一種の、大国的なパワー・ポリティックスということです。従来の自民党政権も一貫してそれは、追求してこなかった。

要は、砲艦外交と言いますか。よく、テーブルの上でにこにこ握手しながら、テーブルの下では蹴飛ばし合っている、あるいは、右手で握手して、左手で、こん棒を握っているなど、それが外交だというような話があります。十九世紀、二十世紀的な外交はそうだったかもしれない。でもむしろ、そのような力に依拠した外交でなくても外交を成功させている国は、幾らでもあるわけです。それが普通の国なのですから。

外務省は自衛隊を何かと使いたがりますが、直接自衛隊に責任を持っている防衛官僚の立場から言うと、むしろ自衛隊が出なくてもいいような環境を作ることが、本来の外交の役割でしょう。外交が下手くそで失敗するから、戦争が起きるのではないかという意識を、こちらは持っていたわけです。外務省の方は、自衛隊に対しては、すごく、ごますりをしてきますが、そこにはやはり自衛隊を外交の中に組み込んで使っていきたいという意識がありますだから集団的自衛権の話の発端になっているところには、外務省の経験者、O

B、関係者が多いのはそのようなところにあるのではないかと思います。

それほどしじゅう角を突き合わせているわけではないですが、典型的な例としては、防衛駐在官が在外公館にいて、自衛官が勤務している。これは制服を着て勤務していますが、身分は外務省職員です。防衛駐在官からの報告は外務省を経由しないと、当時の防衛庁には来ない仕組みになっていました。だからそこで止められてしまうと、本来自衛官が取ってきた情報でも防衛庁には来ない。とはいえ、大概のものは来ていたので、それほど不自由はありませんでした。

その後通信手段がいろいろと進歩し、今やパソコンの時代になって、もうそのようなコントロールはできませんので、事実上そこの問題はなくなっているとは思います。やはり安全保障という場面では、外務省と防衛省との間でお互いに共通する部分があるからには、そこでの縄張り争いのようなものはあるにはあったのでしょう。

今の集団的自衛権の議論にしても、外務官僚は多くが賛成ですが、防衛省の中の雰囲気は、必ずしももろ手を挙げて賛成ではありません。自衛官に言わせると、それ以前に、個別的自衛権をどう使うかというところをもっときちんと詰めてくれという要望、そちらを優先すべきだという雰囲気もあります。

防衛官僚にしてみれば、かりに犠牲が出たときに、責任を負うのは防衛省になるわけです。さらに深刻なことは、いろいろな仕事をやっていく中では、海外での災害救援や海賊対策などそのこと自体はよいことではありますが、ほんらいの自衛隊の強み、役割であるところの非常に高度な潜水艦探知能力など、そのような部分の訓練にマイナスの影響が出てくる可能性があることを、案外本気で心配している人はいます。

災害派遣について、自衛隊が今まで成功してきた要因、それを示すものは日本が独立を回復したときの総理大臣であった吉田茂さんの、防衛大の卒業式の訓示の言葉の中にもあります。「君たちは今、一番やるべきことは、災害救助だ」「そういったことで国民の支持を得られれば、そのうち、念願の国防軍になることができるのだから」ということで、自衛隊創設以来の先輩の方たちは、本当に一生懸命に災害救助をやってきた。それで国民との間の信頼関係も少しずつできてきています。そういう姿を見て、自分も世の中の役に立ちたいという思いで自衛隊に志願してくる若者も多い。そのようなものを一気にぶち壊すようなことをしてほしくないわけです。

有名な話では、六〇年の安保改定闘争のときに、国会を一〇万人のデモ隊が取り囲み、騒然とした雰囲気がありました。その混乱の中で女子大学生が一人、亡くなった事件もありました。あのときに、国会を取り巻くデモ隊に対して、それにアメリカの国務長官が来日する警備の問題もあって、自衛隊に「治安出動をかけろ」という意見がありました。それを当時の赤城宗徳防衛庁長官が、「絶対に反対」、当時の陸幕長も「絶対にやるべきではない」として退けた。それはすごく正しい判断だったと思います。あそこで本当に治安出動を発令してデモ隊を鎮圧していたら、今日のような自衛隊に対する国民の支持は、なかっただろうと思います。

そのようなことをここで本当に考えてみなければいけないと思います。ＰＫＯに参加するときも、最初は相当な反対がありましたが、実績を積み重ねる中で、「自衛隊が行ったって、戦争になるわけではない」という認識を、今はもう、みんなにしっかり持っていただいているだろうと思います。そのような信頼関係は自衛隊にとっても財産ですし、その信頼関係の下にいろいろな能力を発揮する自衛隊は、国民にとっても財産だと思います。その根っこを乱暴にぶち壊すようなことを本当にやっていいのだろうかと、やはり考えてしまいます。

いろいろな意味での改革はやっていかなければいけませんが、過去の積み上げの中には、本当に守らなければいけないものもあるはずです。これを、そういったものをもう一度見直してみる機会にしていけばいいのではないか。そのような見直しを先導するのであれば、私のような立場の人間は大いに経験を踏まえて、情報発信をしていかなければいけないだろうと思っています。

8　国家像が見えない安倍政権

行き先表示のないバスに乗せられて

今の安倍政権を見ていて、一番感じること、一番語られていないことは、「では、これによって、日本がどういう国になるのか」ということです。望ましい国家像と、それを踏まえてどのように国家の目標を立て、それを実現するためにどのようなことをしていくかということ、安全保障戦略の一番根っこになるはずの国家像が、どうもよく分からない。自民党の憲法改正草案にあるような、「基本的人権よりも古来の伝統や国家に対する奉仕を大切にする国」など、いまさらそのような話ではないでしょう。

少なくとも安全保障の観点で言うならば、七〇年前に日本が引き起こした戦争についての総括、私は、それを日本人自身の手でやらなければいけないと思っています。だから自主憲法に頭から反対はしていませんが、自主憲法が必要な最大の理由は、七〇年前の戦争の総括をアメリカ任せにした東京裁判と現行憲法ではなくて、日本人自身の手でもう一度やり直すということです。これはかりに中国・韓国が歴史問題について文句を言わなくなったとしても、やはり日本人自身の問題として、永遠に問われ続ける問題だと思います。自分が犯した過ちを自分で総括できない国に健全な国家像は生まれません。

同じ意味で、アメリカも、古くさかのぼればインディアン戦争の時代から、ベトナム戦争、あるいはその前の日本への原爆投下や、イラク戦争もあった。それはアメリカ自身の戦争の問題、アメリカ人自身が考えなければならないテーマとして、永久に残り続ける問題だと、私は思います。にもかかわらず、そこをどうしたいのかというところが、「押しつけられた憲法だからだめだ」「東京裁判は勝者の裁判で不当だ」などと、そのようにつまみ食い的に歴史認識を変えていこうとする。ではその結果「日本はどんな国になるのですか」と問うと、「新しい国」「美しい国」「強い国」などと、それはイメージであって、別に国家像でも何でもないわけです。肝心の国家像は見えてきません。

そして、秘密保護法を作り、武器輸出を緩和し、集団的自衛権に突き進む。特に集団的自衛権も、「非常に限定的なものにする」という話をされても、「次の停留所がどこかということは分かったけど、このバスの行き先は、どこなのですか」ということが、分からない。それをはっきりしてもらわなければいけません。例えば、これは「戦前行き」なのか、あるいはアメリカと対等な大国に向かって、「アメリカからの自立行き」なのか、行き先表示のないバスに国民が今、乗っかってしまっているわけです。そこのところが一番の問題です。

次に、バスの性能も、ちょっとスピードが出過ぎるからエンジンブレーキをかけようとしても、エンジンブレーキがかからない。そもそもブレーキがあまり利かない。ハンドルもどちらかと言うと、右にはすぐ曲がるが、左には戻らないようなバスに乗っている。私は安倍さんが何か悪巧みをしているとはすぐには思いません。戦争をするための悪巧みなどと、そんな実証もされていない批判をするつもりはまったくありませんが、要するに行き先が分からないということが、一番日本にとって危険なのではないかと思います。

それの一つの例として、靖国参拝の問題。最近の若い人の中でも、戦争で国を守るために亡くなった人にお参りすることは当たり前のことで、それにけちをつける中国と韓国はけしからんというムードが結構あります。確かに一面そのとおりですが、なぜ彼らが文句を言うかと言うと、一般の亡くなった兵士を追悼することについては、彼らも全然文句はいうつもりはないわけです。靖国神社は、私はこの言葉はあまり好きではありませんが、いわゆる「A級戦犯」と言われた人たち、つまり戦争を引き起こして、兵隊として国民の命を犠牲にさせた当事者たちも一緒に祀られているということです。これには、中国・韓国が文句を言わなくても、私が文句を言いたい。戦争の犠牲となった兵士も、多くは飢えや病で亡くなっている。防護もない民間の貨物船でアメリカの潜水艦に沈められて亡くなった人も少なくない。こうした犠牲は、すべて補給を無視し、精神論で楽観的な戦争を指導した国家指導部の誤りです。特攻隊はかっこいいヒーローかもしれない。しかし、部下を殺すことを前提とした戦闘指揮は、「統率の外道」です。

中国、韓国は自己認識の鏡

中国・韓国が文句を言うかどうかは別として、結局は日本人自身が、そこで本当に「あの戦争は何だったのか」ということを考え直す契機にしなければいけない。実は、中国や韓国という本当に近い国との関係は、自己認識、何か鏡に映った自分の姿を見ているような側面があります。つまり日本は、近隣諸国という鏡に照らせば、そのように見られているのだという認識をしなければいけません。だからそのことに文句を言う、鏡に映った姿がおかしいからと言って文句を言うのではなく、鏡にそのように映るということは、自分がどこをどう直せばいいのかと、鏡は本来そのように使うものです。

それは同じように中国などについても言えると思います。最近は、個人的な交流の場がありませんが、昔議論していたときに、「あんたたちはいつまで、発展途上国だとか、平和的解決だとか、きれいごとばっかり言ってるんだ」「現に自分たちのやっていることが、周りの国からどう見られているかということを、もっとちゃんと認識しろ」という話をしました。中国もやはりそのような周辺諸国からの反応を見るべきなのです。彼らは「歴史を鏡として」ということをしじゅう日本に対して言いますが、中国自身も文化大革命や天安門事件など、いろいろな内政上の歴史問題を抱えている。特に今日の中国については、周辺諸国の見る目が非常に厳しいわけですから、そのようなものをちゃんと鏡として、自分自身を変えていかなければいけない立場にあるわけです。

それを求めるのであれば、日本自身も同じように、やはり「周辺諸国の反応というのは鏡なんだ」と、捉えていくことです。何よりも、日本人自身が、あの戦争をどう評価するかということを考えなければいけません。これは、知的にはなかなか大変な作業だと思います。それをやらないまま、「リーダーが参拝するのは当たり前だ」という論理だけで、「それに文句を言うのは内政干渉だ」と、非常に荒っぽくその議論を切り捨てていくこと自体が問題なのです。

ある意味、すべて一〇〇パーセントが、人間的な痛みだとは思いません。外交的な駆け引きもありますし、政治的に利用している部分もあるかもしれませんが、やはりそのようなところに反応するのではなく、人間として、相手の痛みにどれだけ寄り添えているのかというところが、日本人としての、最大の反省材料でしょう。それは、実は戦争の問題だけでなく、基地の負担で苦しんでいる沖縄をどう見るのか、あるいは原発事故によって、もう故郷のコミュニティを失ってしまった周辺の自治体の人たちの立場をどのように考えるかというところにも共通していく問題があると思います。

私も偉そうなことを言っても、人の立場に寄り添って見ることはすごく難しいです。特に中年過ぎの初老の男性にはなかなか難しいことではありますが、やはりそれをやらないと、対人関係で信頼は築けません。問題がある場合には永遠に解決しないわけです。国についても同じようなことが言えるでしょう。そのときに一番気をつけるべきことは、対立を深めるような余計なことをこちらからする必要はない、最低限してはいけないということなのだと思います。

歴史処理のまずさがシンボルをつくる

歴史の問題はすごく厄介です。では、どこまでが歴史問題なのかと言うと、例えば私は、日本は中国と四回戦争していると考えています。今問題になっていることは、少なくとも日清戦争以来の百数十年の話です。ところが、それ以前に日本と中国は三回戦争をしています。

最初は、七世紀の六六三年に白村江《はくすきのえ》の戦いがあり、唐・新羅《しらぎ》の連合軍と百済・倭国の連合軍が戦争をして、大敗をして、逃げ帰ってきた。そこで日本は何をしたかと言うと、防人《さきもり》を作って兵力動員を制度化し、九州の水城などの防衛施設や幹線道路を整備して、やがて、唐の都にならった奈良の都を作って律令制を導入する。つまり戦争で負けた相手の、当時の最先端の超大国であった唐の文化を採り入れて、それで日本自身を立ち直らせ、強くしているわけです。

次の戦争は、十三世紀、鎌倉幕府の時代の二度にわたる「元寇」、蒙古襲来です。あのときの主な兵隊は高麗の兵隊だったと言われています。北九州の守り、防衛施設が、制度的にもある程度整っていました。今度は鎌倉幕府の武家の政権の下で、日本の戦闘技術もそれなりにあり、相手は火薬や新兵器を使ってきましたが、それでも日本は橋頭堡を作らせなかった。上陸はしましたが、そこに陣地は作らせなかったのです。だから彼らは昼間に攻めてきて、夜になると、船の上に泊まる。そこに台風があり、神風が吹いて、彼らが全滅をする。あれも地上の戦に負けて、陣地を作られてしまえば、神風の効果もなかったわけです。当時の最先端の戦闘技術にも日本は遭遇しました。しかし、これは攻められた立場で守り切ったという意味では勝利です。ですが、それを生かして日本が戦争先進国となることはなかった。

日本が攻めていこうとして、中国までは行けなかったのが、秀吉の朝鮮出兵です。あれは明国を取りにいったわけですが、結局は補給線がのび、日本軍は大量の兵隊を送りましたが、何も得るものはなく追い出されてしまった。実は韓国との歴史問題はそこからスタートするのです。

ソウルの漢江《ハンガン》の中の島に何か大きな、結構真新しい記念碑が建っています。私はソウルに行ったときに見て、「あれ、何だ?」と聞いたら、「豊臣秀吉の水軍を破った記念碑が何年か前にできたんだ」と。「おい、ちょっと待てよ、四〇〇年前の出来事の記念碑が、今できるんですか」とたずねた。戦争記念館に行っても、当時の朝鮮水軍が使った亀甲の形をした船が展示してある。それからソウルの一番の中心部には、その時の英雄であった李《イ》舜臣《スンシン》将軍の銅像が立っています。

やはり韓国との戦争の歴史はそこから始まっているのですね。でもその後の関係いかんによっては、とっくに忘れられていたのかもしれません。つまり「あのときに、うちのお祖父さんが殺された」と言う人はもういないわけですから。その後の歴史の処理がうまくいっていないから、あれがまだひとつのシンボルになってしまっているのでしょう。

それから明治維新になり、日清戦争になっていくという流れで、そこからは日本は西欧列強にならって非常に帝国主義的な政策を執っていくわけですから、いろいろな形で屈辱感や恨みが残ることは当然のことです。

もう一つ言えば、中国との戦争に勝ったのか、負けたのかと言いますと、すごく難しいですが、やはり負けたのです。連合軍としてのアメリカに負けたわけですが、そのアメリカ軍に支援された中国軍を最後まで制圧できなかったわけですから。ベトナム戦争で、アメリカが勝ったのか、負けたのかということと同じことで、最後はアメリカが撤退せざるをえなかった。日本も撤退せざるをえなかったわけです。その意味では日本は負けたのだと思います。

ではその敗戦の教訓をどう生かすのか。アメリカに負けたことによって、日本は民主主義や自由貿易を含めたアメリカの進んだ文物、制度を取り入れて、日本をまた復興させてきた。だから本当に面白いことに、国は戦争に勝ったときよりも、負けたときの方が後で復興ばねが利いて、よくなっていきます。今はそのような意味で、戦争はあってはならないものですが、戦争を起こさないかわりにどのようにしてそこの教訓を生かしていくのかが問われる、そのような時代の変わり目に来ているのだと思います。

だからこそ、やはり国民一人一人が単に感情だけで物事を言うのではなく、自分の頭で世界を認識し、国の政策を認識できるように、そのような意味での知識をぜひ持っていただかなければいけないということだと思います。私の話が少しでもその足しになってくれればいいなということを願っています。

戦争責任についていうと、先ほど言ったように、歴史的に日本は、何度も中国や新羅、高句麗の時代の朝鮮と戦争をしています。でもどこからが本当に今日残る歴史問題かといえば、その当時のことは誰も問題にしない。それは一体なぜだろうと考えてみます。現役のころ、中国に行って軍の連中と交流もしていました。彼らは宴会をしてくれるのですが、真っ先に何を言うかというと、俺のおやじは日本軍に殺されたのだという話をひとしきりするわけです。正直いって、そんなことを今、私に言われたって困るのだけれども、そのような記憶を持っている人がいるという以上、やはり現代史の問題として考えなければいけないのでしょう。

これの厄介なところは、そのような記憶は、まだ何代も続くと思うのです。一〇〇年とは言わないまでも、多分五〇年ぐらいは続くかもしれない。そのときに、それを許せる人は誰かということです。日本でも、今、拉致被害者の親御さんたちが高齢化して、生きているうちに何とかしなければいけないという機運があります。それは原爆の被爆者でも同じことです。直接原爆を経験された方が、どんどん亡くなってきている。ぜひ生きている間にオバマさんにでも来てもらって、祈りを捧げてもらいたいような気持ちになります。やはり、分かった、許す、と言うことができるのは、直接の被害者なのです。だからその意味でこの問題は、そんなに悠長に構えて、そのうち忘れるということでは済まされない話だと思うのです。むしろそのような人たちが生きている間に、忘れることはできないけれども許すことはできると語っていただけるような努力をしていかないと、それが後の世代になると、解決できない負の遺産になってしまうのです。

歴史を清算し国として成長する

「俺のおやじは日本軍に殺された」と言っているうちは、まだいい。それはあなたも大変でしたね、日本は昔、悪いことをしましたね、ということで済むかもしれません。もう少し時代を下って、「日本がとにかく、何百万とわが同胞を殺した」という記憶だけが刷り込まれて残っていくと、誰も許せる人がいなくなってしまうのです。そうなる前に何とかもっと交流を深めて、別に何も相手の言い値どおりにやる必要はないが、何らかの手は打たないといけません。これは決して軽んじてはならない問題だと、私は思うのです。

そのような問題であるがゆえに、自民党の政調会長の高市早苗さんが、去年の五月に、それは親の世代の問題で自分たちの問題ではないというようなことを言った。事実関係としてはそのとおりだけれども、外交や国政などは、それを自分たちの問題として捉えることによって、初めて解決がつく話なのです。けれどもあの発言のような気持ちは、今の若い人たちにも共通していると思うのです。何も自分が個人として責任を負う必要はまったくないけれども、日本がかつてそのようなことをした国であったということは、しっかり学んでおかなければいけません。そのことをどう評価するか。当時はみんな同じことをやっていたではないか、だから俺たちだけが悪いのではない、それを一方的に裁かれるのは自虐史観だ、という話があります。確かに、みんな同じことを多かれ少なかれやっていたかもしれません。けれども自分もやった以上、自分の分の責任は、やはりきちんと自覚しなければいけません。

自分の息子が若いころ、学校で悪さをして先生に怒られます。親が呼び出されます。「どうしてそんなことをしたの？」と聞くと、「だってみんなやってる」。「みんな？みんなって、誰と誰なの？」と聞くと「何君と何君と何君」。「三人しかいないじゃないか。全校生徒何百人の中で三人しかいないことをみんなって言うの？」というのですけれども、どうもそれに似た議論を聞いているような感じがします。他の人もやっていたというのは、自分がやってもいいということにはなりません。そこをきちんと自分なりに清算して、初めてよその国についての批判ができると思うのです。自分たちもそのように努力しなければいけない、やはりそこは人間としての最低限のルールであり、マナーであるのだろうと思います。そのようなところに引き寄せて、ぜひ、「外から文句いうのはけしからん、頭に来た」というだけの反応ではなく、自分の親が殺されていたら、自分はどのような反応をするのかという観点も踏まえて考えるべきでしょう。

つまり自分が考えている自分の姿だけではなくて、やはり鏡に映った自分の姿を見て直すという、客観的に自分のことを見るという、そういったことが人間としての成長には不可欠です。国も同じだと思うのです。国として成長していくためには、そのようなものの見方が、ぜひ必要なのだということを分かっていただきたい。それは自分自身、個人についても同じことが言えますが、そのようにして国そのものが賢くなっていくということです。やはりみんな日本が好きなのだろうし、日本が負けるのは誰も見たくないのであれば、どうするべきか。日本全体が賢くなることが、一番大事なことなのです。そのためには、客観的に自分を見られるようになることが、非常に大事だと思います。

9　ジャパン・ブランドを求めて

県外移設は頑張れば実現できた

鳩山さんの県外移設、あのまま頑張っていれば、案外実現できたのではないかと、私は思っています。例えば小泉さんも、奇人変人といわれ、郵政民営化など、役人は誰もできると思っていませんでした。けれども最後までそれで頑張るから、できるわけです。役人は、やはり手間のかかることが嫌ですから、当然、総理を引き戻そうとする。けれども、あのとき鳩山さんは、せっかく日米の担当者から「宇宙人」と呼ばれていたわけですから。鳩山さんの県外移設を日米担当者会議で何と言っていたかというと、「スペースプロブレム」、つまり宇宙問題、宇宙人の問題だと。総理大臣がどうしても動かなければ、総理が納得するような答えを出さざるをえないわけです。鳩山さんに一番必要なことは、総理大臣は、最後まで掲げた旗を降ろしてはいけないということだった。それを言い出すのならば、その覚悟を持って言えということです。自分の信念を貫くために辞任に追い込まれたら、逆にヒーローです。それをみっともなく、自分がバカでしたというような辞め方をするから、どうしようもないのです。

その後、民主党野田政権で防衛大臣になった森本敏さんが言ったように、客観的に、軍事的には沖縄でなくてもいいのだから、別の案を総理の責任で作ってくださいという話までは、持っていけたと思います。

鳩山さんは、十分な根回しもないままに鹿児島県の徳之島に移設する案で走りました。あのような話は、具体的地名が出たとたんに反対の声が出るわけですから、タイミングがすごく難しいのです。私は、バカじゃないかと思うのだけれども、そんなものは一点突破で正面からやってもうまくいくわけがない。それこそ「地名が出るのが致命的」というような話です。具体的な地名は、口が裂けても言わずに、その代わり水面下でいろいろな交渉をしていくということ。ただそのようなカウンターパートがいたかどうかは、問題です。つまり自治体がそのような交渉の仕方を受け入れたかどうかという問題はあるけれども、先に地名を出して突っ走ってしまったら、それはもう反対が出てくるに決まっています。あのやり方も下手くそでした。

それから徳之島にしても、どれだけ情報を取ったか分からないけれども、自衛隊にあの辺りの土地勘はありません。私の推測ですが、鹿児島県警辺りの情報を基に、これならいけるという判断をしたのだと思います。そのようなずさんな情報にとびついて最後は何かといったら、これはどこまで本当か分からないけれど、海兵隊の内規によれば、地上部隊とヘリコプターの部隊は、六五マイル以内にいなければいけないことになっている、徳之島では沖縄の海兵連隊との距離が遠すぎる、ということを理由に鳩山さんは諦めたということです。そのような一海兵隊の内部規則で総理が説得されてどうするのですか。むしろ、あきらめるための最後の切り札にすぎなかったのだと思います。だからあのやり方も本当に政治的にまずいし、本当に徳之島でいこうとしたなら、三年がかりぐらいでやらなければだめです。その間、総理は絶対、ぶれてはだめなのです。政治とは、物事を小手先でつ・・・くろうことではなく、社会にとって受け入れ可能なぎりぎりのラインを探り、実現することです。その意味で鳩山さんは、政治ができなかったのだと思います。

海外派兵しない利点

アフガニスタンの陸上に自衛隊が出ていくことについては、特に中村哲さんという、現地で井戸掘りをやっているお医者さんが、あそこに軍隊が出たら自分たちがターゲットになってしまうと、明確に反対していました。自衛隊が出ていかないということの効果は、どの程度かは分からないけれど、あったのだろうと思います。だからイラクの例で申し上げたように、日の丸をユニフォームや鉄帽に何個もくっ付けて、わざと目立つような格好をして活動した。要するに、仮に自衛隊を出すのであれば、自分たちは皆さん住民を敵に回して戦争する意思はないのだと明示するという、そのような出し方をしなければいけないが、タリバン相手では、それも効かなかったでしょう。その意味でも、アフガンでは自衛隊が陸上に出なかったことは、正解だったと思います。

だから邦人救出のために、海外でも武器をもっと使えるようにしなければいけないと自分の目線だけで言っているが、そのようなことをしたら相手が人質になっている邦人を殺す口実を与えることにもなる。そこをもっと本当に幅広く考えなければいけません。では自衛隊が行ったこともない国に行って、例えば去年のアルジェリアのイナメナスのオイルプラントなどは、海から一〇〇〇キロ離れています。一〇〇〇キロの間に、自衛隊の車両は燃費が悪いですから、何回給油しなければいけないのか、そのために給油のタンクローリーも連れて行かなければいけない。そのようなものをどうやって守るのですかという話になってきます。そんなものは相手にとって格好の標的です。そういった、相手国の軍隊に任せなければいけない部分は、おのずとあります。全般的な状況をわきまえない議論をしているのを見ていると、今の政治家自身が、現場のことをもっと勉強しないといけないと思うのです。

安倍さんに血を流す覚悟はあるのか

湾岸戦争で日本がお金だけ出して人を出さないので批判されたという、「湾岸のトラウマ」については、実はそれほどでもなかったのではないか。あのとき海部内閣で、奇抜な議論が出ていました。自衛隊とは別組織にして、護衛艦を出すなら大砲を外してなど、とんでもない議論の末に、自衛隊を出すための法律が流産してしまったのです。あのときはまだ現に戦闘が行われているときで、戦地に近いところで自衛隊が何をするかという相場観が、まったく見えていなかった。片や日本が、イラクがクウェートに侵攻したときに最初にやったことは、難民支援のための経済協力を最初は一〇〇〇万ドルぐらい、さらにアメリカが「何だ、それは」と怒ったものだから追加二〇〇〇万ドル出した。それを称して「too little too late」と言われたわけです。法律を出して、とにかく何か自衛隊を使わなければだめだということで出そうとしたけれども、そこの相場観がまったくこなれておらず、後日「非戦闘区域」として憲法との関係を整理することになる概念もできていなかったから、法律はできないで廃案になってしまい、戦後に掃海艇を出すことになったのです。

やはり私は、自衛隊を出さなかったという判断が、本当にせいせいとした判断として行われていたら、トラウマにならなかったと思います。あのときに自衛隊の船から大砲を下ろしていけばいいではないかというような議論を聞いていて、かなりトラウマになったことは間違いない。おまけに一三〇億ドルの戦費を出すのだから、中期防を一〇〇〇億削るというような政治的な妥協までしているのです。あれは本当に何とかしなければいけません。その後、落合畯《たおさ》海将補が掃海艇を引き連れて結構いい仕事をして、それで自信を持ったこともあって、やはり人を出さなければだめだ、それは現実的にもできるのだという思いが生まれてきたのです。それを「小切手外交と揶揄された」だけで説明するのは少し乱暴だと思いながらも、それらを総称して「湾岸のトラウマ」というように、その気持ちは外務省にも自衛隊にも政治家にも、共有されていたと思います。何とかやはり人を出さないと、国としてバカにされてしまうと感じたのでしょう。

けれども現実にやってきたことは、戦闘に巻き込まれないよう細心の注意を払って人道支援をすることでした。警察官はカンボディアで二人亡くなったけれども、自衛隊は一人の犠牲者も出していません。やはりそれは、情報能力と組織的な対応能力なのです。自衛隊は、まだ犠牲が出るような場面には、幸いにして遭遇していません。次に出てくるのは、犠牲が出ることを、どう判断するのかということです。

安倍首相は当然、血を流さなければいけないと言っている。血の同盟だと言っているけれども、どうなのでしょう。本当に安倍さんにそのような覚悟があるのか、私にはそうは見えません。

イラク戦争のときのあの勢いは何かというと、小泉さんが「アメリカとさえうまくやっておけば、あとはやれるんです。国連が守ってくれないでしょう。アメリカしか守ってくれないんだから当然です」と言っていた日米同盟唯一論のような時代の雰囲気というか、国民的に共有されていたかどうか別として、そのような政策決定者側の雰囲気があったと思います。これから、それがどのように形成されるのか、まったく未知数です。今のところ見えているのは、「日本人の命を守るためであれば何でもアリ」「国の安全が憲法よりも知る権利よりも優先する」といった、きわめて乱暴な雰囲気です。だから、自民党の中では、まともな議論すら行われていない。

日本のブランドが失われる武器輸出

政府は、従来の武器輸出三原則にかえて、新たに装備移転三原則というのを決定しました。私は国際共同開発に入っていくことは、日本防衛のための先進装備を導入するためにはしかたがない、グローバル化の国際分業の世界の中ではしようがないと思っています。以前私が担当した時の、二〇〇四年末の防衛大綱の時に出された官房長官談話では、アメリカとの共同開発、それから、海賊対策、テロ対策に関わるものについては原則オーケーとしました。今度政府が決定した新たな原則の中で原則オーケーにしたことは何かといいますと、テロ対策、海賊対策という、その目的を限定するのではなくて、「安全保障上の協力関係にある国との防衛協力の強化に資するもの」という文言が入っている。これは、非常に無限定なのですね。

安全保障上の協力関係にある国、それを、まずどう定義するかと言えば、例えばロシアも共同訓練をやっていますね。2プラス2という、外務・防衛の閣僚協議もやっています。

そのような国を数え上げていけば、多分数十か国になる。禁止されている国は、国連安保理決議で禁止されているものとなっていますが、それが当てはまる国は、北朝鮮と、つぶされる前のイラクしかないのですね。だから、本当にほとんど歯止めがない。

さすがにそれでは具合が悪いと思ったのでしょう、閣議決定をさらに具体化するための運営方針というものを作りその中で、防衛協力の強化に資することになる装備は何かということを決めて、輸出できる装備の種類を限定しています。それは何かといいますと、救難、輸送、警戒、監視、および掃海です。掃海とは、機雷を取り除くことですが、それに限ると書いてあるわけです。

これならばかなり限られているのかというと、問題はその警戒・監視というもので、まず警戒・監視のために双眼鏡を出すのはいいでしょう。それから、レーダーを出すのもいいのかもしれない。では、レーダーを積んだ船を出すのは、いいのか悪いのか……というように考えていくと、これも少なくとも、おそらく警戒・監視のための軍艦まではオーケーになってくるでしょう。警戒・監視も無防備で行くわけにはいかないから、大砲を積んでいく。それで、その国で何か摩擦的な衝突があったとする。そうすると、そこで日本製の武器によって軍事衝突が行われるという事態を、防ぐわけにはいかなくなるのです。

武器を売って商売しないという立場があったから、日本はいろいろと国際的な軍縮の場でもリードする役割、特に小型武器の規制や対人地雷の規制などで、重要な役割を果たしてきていたのです。武器輸出の話につなげていくと、そんな日本のブランドが失われていくという問題も出てくることになるのです。

現地の人に銃を向けない国

中国等に日本は負けているのかと言うと、今でも中国より優れたところはたくさんある。特に中国は外国の資源を採るだけ採って、収奪していってしまうようなことをよく世界中で言われていますが、日本は外国の技術者を育てて、自衛隊でも土木機械を置いていって、その修理のしかたや運転のしかたをきちんと教え、人材を育成する。それが日本の国際貢献であり、経済支援の在り方ですから、これはもう、中国などにとてもまねができることではありません。

イラクに行ったときも、よその国は実際に武装勢力とどんぱちやっていましたが、自衛隊はわざと目立つように日の丸を掲げました。それは狙いたい者にとってはいい標的になりますが、わざわざ戦争をする軍隊の常識に反するような服装をし、現地の人たちには決して銃を向けず、もちろん警戒はしていましたが、現地の人を雇いながら、融和しながら、他の多国籍軍とは違う形の任務を果たし、それが結果的には安全につながりました。これも、よその国の軍隊にはとてもまねできない、日本の誇るべきブランドだと思います。そのようなものをもう一度、一つ一つ見直しながら、守っていけるものがあります。今、世界遺産ブームですが、やはり戦後の日本の社会遺産と言いますか、あるいは文化遺産、時代精神的な遺産でもいいのですが、そのようなものをしっかり掘り起こしていけば、そして分不相応に「今よりもっと大きくなろう」と欲張らなければ、日本にもまだまだ明るい未来はあるのだろうと思っています。

国家像の問題

それが国家像の問題なんですね。安全保障戦略というのは、どのような国でありたいのか、そのためにどのような世界を必要としているのか、同時に、そのような国であるがゆえに、どのような方法でそういう世界を実現していくかという国の自己実現の道筋を示すものだと思います。戦後の日本は、いっかんして経済は一流、軍事は二流、政治は、ということはメディアもそうなのですが、三流であり続けたのだと思います。今、人口が減り始め、経済が停滞し、中国が強さを見せつけるようになった、その時代の変化に直面して、自分のあり方を決めかねています。経済で言えば、人口が減り、特に生産年齢人口が減って年寄りが増えているのですから、今までのような右肩上がりの成長は望めません。しかし、日本が経済大国であることに変わりはないので、理屈から言えば、その富を今までより少ない人口で分け合えば、今までよりも一人ひとりの所得は増えこそすれ、減ることはない。なのに、多くの国民、特に一人暮らしの高齢者や若者の所得は減っています。なぜそうなるのか。それは、グローバル化の波の中で競争が激しくなってきたからですが、問題は、その競争に打ち克つために、企業や金融機関だけを優遇しているからです。企業には、儲けて拡大するという自己実現の論理が働いています。そこにだけ目を向けて、働く人々の自己実現を支える個人所得の分配がおろそかにされている。競争は、人類の発展のためにも個人の進化のためにも避けられないけれども、敗者が敗者であり続けなければならないような競争の仕方に問題があるのだと思います。敗者が敗者であり続ける現状は、競争ではなく差別です。そのような国をわれわれが望んでいるのだろうか、という点がひとつ。みんなが望んでいるのは、努力して、競争はするけれども、今日がだめでも明日があるという実感が持てるような、そんな国ではないでしょうか。

軍事の面で言えば、日本は、自国の防衛に必要な実力を持っているけれども、核兵器や空母を持たず他国を侵略するような実力はないという意味で、やはり二流国です。まして、他国を守り、世界の紛争に介入していくような軍事大国になりたいとは思っていないでしょう。一昨年、日本の政策に強い影響力を持つアメリカのリチャード・アーミテージさんが書いたレポートの冒頭には、「日本は二流国になりたいのか」という言葉がありました。原発を再稼働し、アメリカの天然ガスを輸入してエネルギーの安定供給体制を固めて経済を回復させ、集団的自衛権を行使してアメリカとともに世界秩序を維持する国になれ、というのがその全体の論旨であったと思います。これを読んだとき、私は、かつての中曽根康弘首相の「非核中級国家」という言葉を思い出しました。エネルギーで原発に依存し、軍事ではアメリカと世界的に協力していくことが「一流国」の定義であるとすると、私は、日本は「二流国」でいいのだと思っています。自分が一流であると認識すれば、その地位を守るために余分な心配が増えます。イラクの例で言えば、戦局を左右するような大部隊を出して戦いの主導権を握るのが一流国でしょう。そのアメリカは四千人、次に多くの兵力を出したイギリスは二百人の戦死者を出しています。日本は、そんな役割は果たさなかったけれど、一人も殺していないし、死んでもいない。対人関係でも国際関係でも、自分は一流でなくてもいいのだと考えれば、やたら尖らずに妥協するところは妥協し、もっと自由に自分らしい生き方を追求することもできる。他人から後ろ指を指されるようなこともなければ他人にへりくだる必要もない、そんな生き方の方が、国にとっても個人にとっても幸せなのではないか、と思うのです。

そして最後に政治です。政治に必要なものはいざというときの決断力ですが、もっと大切なことは、そこで間違った決断をしないことだと思います。先ほど、昔の政治家についてお話ししましたが、あの方々がもっていたのはバランス感覚だと思います。それはすべて自分の思いどおりには世の中は動かないという大人の知恵でもあります。まして外交はそうです。いろいろな意見に耳を傾け、さまざまなことに目配り気配りができるからこそ、いざというときの決断に間違いが少ない。そういう政治家は今や絶滅危惧種になってしまったようです。これからは、主権者である国民が、そういう政治家を絶滅から守らなければならないと思います。安全保障で言えば、日本が強気に出たからと言って相手が恐れ入るわけではない。軍事と経済と文化と、いろいろな関係に目くばりしながらやっていかないと、強気一辺倒ではかえって相手を強硬にし、しなくてもよい戦争の危機を招くことにもなりかねません。国民が今の政権に感じる危うさは、そこにあるのだと思います。国民としておかしいと思うことはおかしいと言う必要がある。そのために必要なことは、やはり国民の健全な疑問や批判精神であり、それでこそ、国としてのバランス感覚が生まれると思います。

10　集団的自衛権と日本の将来

これまでも、集団的自衛権の考え方についていろいろな場面で触れてきましたが、七月一日の政府の閣議決定を受けて、問題が新たな局面に入っていると思います。あの閣議決定は、国民の了解を得ることもなく行われたという意味で、国民が国の主人であるという主権在民・立憲主義の面で大いに問題がありますが、ここでは、憲法論というよりも、安全保障論の観点から、あらためて論点をまとめておきたいと思います。

どちらの言い分も半分は正しい

いま、集団的自衛権を使えるようにするという政府の決定に対し、国内の世論が割れています。かたや、「集団的自衛は国を守るために必要だ」という意見から、「集団的自衛権を持つと日本がまた戦争をする」という意見まで、まさに正反対の評価がある。一方、そもそも集団的自衛権って何?という人が多いのも事実です。これでは、まとめようがありませんね。私は、必要だという意見も、戦争になるという意見も、両方とも半分だけ正しいと思っています。そして、わからない、という意見も、仕方がないことだと思います。学校で何も教えてこなかったのですから。ここでは、憲法の問題を離れて、安全保障の実態という文脈の中で集団的自衛権問題を考えてみたいと思います。

今日、日本の隣国である中国は、急速な軍備拡張を行い、特に海軍力を強化して東シナ海、南シナ海から西太平洋に盛んに進出しています。一方、日本を含むアジアの国々が頼りにしてきたアメリカは、その力に陰りが見えはじめ、最近でも、中東やウクライナの混乱に対して有効な手立てをとれないという現実があります。このように国際情勢が大きく変わってきたのだから、従来の憲法解釈を変えてでも、アメリカを助けて世界の秩序を守らなければやがて日本にも累が及ぶと考えるのは、ある意味自然なことだと思います。

一方、日本はこれまで、自国が攻撃されれば守るけれども、他国の戦争には関わらない姿勢を貫いてきたために、不必要な戦争に巻き込まれずに済んできたのであって、国際情勢が変化して不安定になっているからこそ、今までの姿勢を貫かなければかえって戦争に巻き込まれる危険が大きくなる、と考えるのも、「これまでの歴史の事実」という経験則上の理由がある意見だと思います。それでは日本は自分さえ平和なら世界がどうなってもいいのか、それは「一国平和主義」であって現実的ではないという反論もある。他方、こういう時代だからこそ、日本が掲げてきた不戦の誓いが大切で、世界に向かってこれを発信することこそ世界平和のためになるのだ、という再反論もある。お互いにこのようなレッテル貼りをしても、解決にはなりません。

両方の意見に共通しているのは、中国が台頭する一方でアメリカが単独で世界の警察官の役割を果たせなくなってきた、という国際情勢の認識です。問われているのは、その中で日本がどのように国を守るのか、また、世界の中でどういう役割を果たしていくのか、というところだと思います。もう一つ共通しているのは、かたや、日本が平和であるためには世界の安定が必要なので、世界の安定に貢献していかなければ平和は守れないと考える。もう一方は、いかなる理由でも戦争に加われば平和ではいられないので、戦争に加わってはいけないということになるわけですが、いずれも目指す目的が日本と世界の平和であることも共通しています。両方の意見はともに、平和を守りたい、好んで戦争をしたいわけではない、というところから出発しています。だから、かえって議論がかみ合わない。

お互いに、相手に対して「平和のことを真剣に考えていない」と感じて不毛な対立になってしまいます。

人の考え方は、成功であれ失敗であれ、経験に裏打ちされた「歴史的体験」の重みに縛られています。同時に、それがうまくいかないと感じたとき、人は、環境の変化に目を向けて行きます。近代日本の経験を振り返れば、二十世紀前半の戦争で大きな痛手を受けたという失敗体験と、戦後は平和憲法を守って戦争の惨禍に見舞われることなく経済的に発展してきたという成功体験があります。ここから導かれる結論は、「戦争をすれば必ず不幸になる」ということ以外にありません。一方、同じく戦後の経験に重きを置くとしても、日本が平和で繁栄できた原因は平和憲法ではなくアメリカに守ってもらっていたからであると考えれば、そのアメリカの力が落ちてきたのだからアメリカを助けなければ日本の平和は危なくなるという判断になるでしょう。だから、この意見も、アメリカが弱くなったという環境の変化に着目してはいるものの、アメリカがいなければ日本を守れないという戦後の経験に縛られていることに変わりはない。

つまり、ここまでの議論では問題解決の糸口は見えない、もっと掘り下げて考えなければならないということです。ここには、大きな三つのテーマが隠されています。まず第一に、今日の国際情勢の変化をどうとらえるかという問題です。国際情勢は、確かに変化していますが、そういう国際情勢の中で戦争がどのようにして起こり、どのようにすれば防げるのか、防げないのかということ、すなわち、国際情勢の変化によって戦争がおこる原因や仕組みがどのように変わったのかを考えることです。第二に、そのような戦争の仕組みの変化の中で、これまでのように日本を守る個別的自衛権だけでは日本の平和すら守れないのか、他国を防衛することによって日本と世界がもっと平和になるのか、を考えなければなりません。その答えがイエスであれば、今度は、それによって失うものは何かを考えることが必要になってきます。つまり第三の段階として、政策の効果と費用の分析ということですね。当たり前のことですが、政策というものは、必ず費用がかかります。それは、お金だけではなく社会的な負担、平たく言えば国民が何を苦労することになるのか、国際的な評判は良くなるのか悪くなるのか、それは、その政策をとらない場合と較べてどうなのか、といったマイナス面を考えなければなりません。そして、たとえマイナスがあったとしても、それを上回る効果や便益がもたらされるのであれば、その政策は間違っていないことになる。一言で言えば、集団的自衛権を使う場合と使わない場合のプラスとマイナスを冷静に客観的に眺めてみる必要がある、ということです。こうした当たり前の政策評価の議論がなされないまま閣議決定が行われる、これでは、賛成の人も反対の人も、その政策に確信を持つことはできないはずです。

安倍さんの論理、ここがおかしい

私が今の政府の言い分に反対している理由は、政府が「安全保障論から見て」正しい説明をしていないことにあります。物事はすべてそうですが、ある前提に立てば正しいと言えるし、違う前提に立てば間違いになる。そして、安全保障論とは、物事の両面を踏まえて利害得失を分析するための手段と言えます。両方の前提を示してどちらを重く見るのか、他に選択肢はないのか、そのどちらが利益が大きく損失が少ないのか、という検証をしなければ、こうした複雑な議論に答えは出ません。これまでの政府の説明には、そういった順序だった説明はありません。

（1）抑止力で平和になるのか？

安倍首相が七月一日の閣議決定の後に行った記者会見で説明したのは、「日本が集団的自衛権を使えば日本人を乗せたアメリカの軍艦を守れるようになる。そうすれば抑止力が高まって、日本を攻撃しようと企てる国が攻撃できなくなって日本が平和になる」ということでした。ここには、二つの問題があります。まず、日本人を乗せたアメリカの軍艦を守ればそれで抑止力になるのか、という問題です。確かに、日本にせよアメリカ自身にせよ、軍艦が守られていれば、それを攻撃することは容易ではなくなるので、その船に対する攻撃は抑止されることになるでしょう。アメリカの船を攻撃しようとする国は、わざわざ強固に護衛されている船を襲う必要はないのですから、守られていない船を狙うことになる。つまり、日本が守ることができる範囲は、日本の周辺で海上自衛隊の護衛艦や航空自衛隊の戦闘機が行動できる範囲に限られているわけですから、その範囲にない米艦は守れない、攻撃は抑止できないことになります。だから、日本の近くにいるアメリカの軍艦を、日本が集団的自衛権を使って守れば抑止力が高まると言っても、世界中に展開しているアメリカ海軍の船が安全になるわけではないし、その結果日本がもっと平和になるというのは、あまりにも論理が飛躍している。それで良しとするのは、日本さえよければいいという「一国平和主義」と変わりません。

ここで安倍さんが述べている抑止力とは、相手の攻撃を妨害する力のことですね。つまり、直接相手と戦火を交える能力と言ってよい。それは、安全保障の世界では「拒否力」

とか「拒否的抑止力」と言われるものです。日本が直接攻撃された場合には自衛隊がこれを撃退することになっています。この防衛力の働きが「拒否力」なのです。そして、尖閣を含む日本の防衛であれば、自衛隊は地理的にも隙のない態勢を作っています。本来の意味の抑止力というのは、こうした独自の防衛態勢とは違うものです。それは、相手が攻撃してくれれば、逆に耐えがたい反撃を加えるという一種の「脅し」によって、相手の攻撃を思いとどまらせることをいいます。その代表的なものが、アメリカの核攻撃です。日本がアメリカの核の傘の下にある、ということは、まさにこの抑止力によってアメリカやその同盟国への攻撃が「抑止」されているのです。言い換えれば、抑止力とは、アメリカがそのような報復の力と意志を持つことによって成り立つのであり、個別の軍艦をどう守るかといった拒否力の問題とは別の概念だと思います。

しかも、次に述べるように、アメリカの軍艦を守るにしても、それは、アメリカの軍艦を守らなければ実質的には日本の存立が危ない場合に限る、といったほとんどありえないような限定がつけられています。これでは、日本がアメリカに代わって、あるいはアメリカと力を合わせてアジアの平和を守る「抑止力」を持つことなど、到底考えられない。「抑止力」というなら、日本の防衛力を大軍拡してでも他国を守る能力と意志を持たなければ意味がありません。「日本人のおじいさん、おばあさんを守るために米艦を守る」という腰の引けた理屈では、抑止力としての意味もないと言わざるを得ません。

（２）「他国への攻撃によって日本の存立が脅かされる事態」とは？

これまでの政府の憲法解釈では、「日本の存立が脅かされ、国民の生命・自由・幸福追求の権利が根底から覆される場合」には自衛権を行使できるが、それはあくまで日本が外国から攻撃された場合であるので、日本以外の他国が攻撃されただけでは、日本の存立が直接脅かされるわけではないので、他国を守るための集団的自衛権は行使できないとしていました。今年七月一日の閣議決定では、他国への攻撃であっても「国の存立が脅かされ国民の生命・自由・幸福追求権が根底から覆される場合」があり、その場合には日本は集団的自衛権を使って他国を守ることができる、というふうに解釈を変更しました。しかし、全く常識的に考えて、日本が攻撃されていないのにそれによって「日本の存立が脅かされる」ような事態があるのだろうか、という疑問があります。何と言っても日本が攻撃されているわけではないのですから。

安全保障理論とは、突き詰めれば武力をいつ使うかを決めるための理論ですから、最も重要なことは、武力を使う場合の基準を明確にすることです。外交上の配慮でどこまで明言するかは別として、その基準自体は明確になっていなければいけない。そうでなければ、どんなときに戦争をするのかがわからない。そこを曖昧にしたままでは、国民が理解できないのは当然ですが、政府と軍隊（自衛隊）の共通認識もできないし、外交的にも日本の決意を示すことができない。相手の国も、どこで日本が本気になるかがわからないので、何が抑止されているのかわからない。それは、安全保障にとってかえって有害になります。

安倍さんは、記者会見で「日本人が乗った米艦が攻撃される場合」をあげているわけですが、それは、そこにいる日本人の生命は危ういけれども、国の存立が脅かされるわけではない。国の存立というよりも人道的な救命の問題です。国会では、二〇〇一年のアメリカにおける9・11テロが話題になりました。これは、明らかに日本に対する武力攻撃ではないが、二〇人を超える日本人の生命が奪われた。このケースこそ、「他国への攻撃によって国の存立が脅かされる」典型的な例ではないかと思っていたのですが、安倍さんは国会で、そうではない、と答弁しています。日本人が乗った外国の船と、日本人がいる外国のビジネス街への攻撃、この二つの間にどのような理論的な仕切りがあるのか、さっぱり分かりません。

もう一つ、安倍さんが盛んに言っていたのは、「ペルシャ湾に機雷がまかれたらタンカーが止まり、石油が来なくなる。中小企業が倒産し、日本経済が打撃を受ける。だから、日本の高い掃海能力を活かすためにも機雷を排除する必要がある」ということでした。日本は、原油の大部分を中東に依存していますから中東で戦争が起こって石油の供給が止まったら大変です。しかし、われわれ日本人は、一九七〇年代のいわゆる「オイル・ショック」のとき、一九八〇年代のイラン・イラク戦争のときも、九一年の湾岸戦争のときも、それを経験しています。それに備えて、半年分の備蓄もしているし、供給先の多角化を進めている。半年ばかり中東の石油が止まったからと言って、ただちに国の存立が脅かされることがないようにしているのです。仮に機雷が排除できても、戦争が続いている間はタンカーは行かないでしょう。

このような経済的危機が武力行使の理由になるとすれば、中国が二〇一〇年にレア・アースの輸出を止めたときも同じ理屈になる。資源に乏しい日本にとっては、米と水以外はすべて輸入に頼っていますから、世界中のあらゆる紛争が武力行使の理由になりかねない。また、アメリカとの同盟関係が損なわれるかどうかも重要な判断要素になるとも言っています。アメリカは、世界中に軍隊を展開していますし、世界中でビジネスをしている。

それらがイスラム過激派のテロの標的になっていますから、そうしたアメリカの軍隊や権益が攻撃され、日本に助けを求めてきたら、それを助けなければ日米同盟が大いに損なわれることになる。つまり、「他国への攻撃によって日本の存立が脅かされる」という基準は、言葉通りにやろうとすれば、そんな事態はほとんどあり得ないのだから、事実上何もできない。あるいは、「石油が止まればそうなる」「アメリカが困ればそうなる」といった判断要素を加えた場合にはいつでもどこでも武力行使ができるようになる。これでは何の基準にもなっていないというほかありません。

そこがはっきりしないと、同盟国であるアメリカも、自衛隊も困るでしょう。アメリカの軍艦を守ってくれるかどうかはその時の日本政府の判断次第ということになったら、前もって共同作戦計画を立てるにもたてられないからです。

（3）他に手段がないのか？

今度の閣議決定では、二番目の要件として「他に手段がない場合」としています。アメリカの軍艦が第三国から攻撃を受けている場面だけを考えれば、その米艦を守るためには自衛隊が駆けつけて攻撃する戦闘機や潜水艦をやっつける以外に「他に手段はない」ことになるでしょう。しかし、その前提として、なぜアメリカの軍艦がそこにいて何をしようとしているのかが問われなければなりません。アメリカの作戦は実に多様です。そのいちいちを日本政府が知る由もない。

例えば、友達と道を歩いていたらいきなり殴られそうになった。その時助けようとすれば、自分が相手をやっつけるしかないかもしれない。しかし、その場合にも「逃げろ」と言うこともできるし、それ以前に、そこは危ないから違う道を通るようにすすめることもできます。だが、戦争となるとそうはいきません。米軍は必ず作戦目的を持ってそこに行くわけですから、別の道はないし、逃げるわけにもいかない。つまり、作戦目的を持った米艦を守るということは、自衛隊がアメリカの作戦に進んで参加することを意味することになるのです。安倍さんは、「他国の戦争に巻き込まれるというのは誤解です」と言いますが、巻き込まれるどころか、初めから意を決してアメリカの戦争に参加することになる。

アメリカの戦争に参加すればどうなるか。日本は、相手から見れば立派な『敵国』です。北朝鮮がその気になれば、ノドン・ミサイルを撃ち込んでくるかもしれない。我々が考えなければならないのは、まさに集団的自衛権でアメリカの船を守る以外の「他の手段がない」のかどうかということではないでしょうか。

（4）「必要最小限度」をだれが決めるのか

今回の閣議決定による集団的自衛権行使の三つ目の要件は、「必要最小限度の武力行使に止める」というものです。実際の場面を考えてみましょう。アメリカの軍艦が襲われているとき、それを守るための「必要最小限度」とは、襲いかかってくる相手の戦闘機や潜水艦をやっつけるか追い払うということです。場合によっては、次に攻撃を準備している航空機の基地をたたくことも含まれるかもしれない。特に、容易に襲われるような米艦であれば、自分の作戦を続行するためには引き続き自衛隊の護衛が必要になるでしょう。そうするとどうなるかと言えば、その米艦の作戦に最後まで付き合わなければならなくなる。つまり、ここで言う「必要最小限度」とは、日本が決めることではなく、アメリカの作戦目的によって決まることになるのですね。それが軍事作戦の常識です。

結局のところ、第一要件の「我が国の存立が脅かされ……」ということに加えて、「他に手段がない」という第二要件、「必要最小限度」という第三要件も、いずれも「歯止め」になっていない、ということです。

（5）リスクを認めない

閣議決定を受けて、国会で集中審議が行われました。それを聞きながら私が一番驚き、また怒ったのは、安倍さんが、自衛隊が今までよりも危険な任務につくことになるのではないかという質問に対して一貫して、はぐらかすような答弁しかしなかったことでした。

戦闘下にある米艦を守ることは、すなわち自衛隊が戦闘するということです。国際協力活動についても、自衛隊の海外での活動地域について「非戦闘地域」の考え方を放棄して「戦闘の現場」に限りなく近づけるようにし、また「武器使用基準を拡大する」ことにしたわけですが、これによって自衛隊が今までよりも戦場に近づくことになり、あるいは武器を使って武装勢力と撃ち合いになるかもしれないわけで、自衛隊の危険が増大すると考えるのは常識だと思います。ところが安倍さんは、「今回は憲法上の考え方を整理しただけで、実際の任務にあたっては安全に配慮することは当然」「自衛官は国の存立のためなら身の危険をかえりみず任務にあたるという宣誓をしている」といった答弁を繰りかえすだけでした。

自分の命令で危険な任務につかせることになる責任者が、こういった他人事のようなことしか言わなければ、自衛隊員も家族も、不安でたまりません。「危険が増すことは事実だが、自分の責任において一人の戦死者も出さないようにする」と言ってほしいところですが、せめて「危険な仕事ではあるがその意義を自ら政治生命をかけて説明し、納得してもらうようにする。納得しないことなら決してそのような任務を与えない」となぜ言えないのでしょうか。それを言えるのは総理大臣だけなのですから。

こうして見ると、安倍さんが言う「限定的な集団的自衛権」とは、何をしたいのかがさっぱり分かりません。何をしたいかが決まらなければ、法律も作りようがない。まして、米軍は自衛隊がどんなときに自分を守ってくれるかも分からず、肝心の共同作戦計画も作れません。

そこで、安倍さんの言葉に惑わされずに、「他国を守る」という本来の集団的自衛権を行使する場合を想定して、冒頭の必要論を検証し、そのメリット・デメリットを考えてみたいと思います。

集団的自衛権がなければ日本を守れないか

まず、「国を守るために必要」という論理を考えてみましょう。集団的自衛権とは、個別的自衛権と違って、日本が攻撃されていないときに他国を守る権利のことですから、直接日本を守るものではない。にもかかわらず、「国を守るために必要」という結論が出てくるためには「他国への攻撃を守る＝日本を守る」という理由づけが必要です。一つには、他国を守っておかなければ次は日本が攻められるという「明日は我が身だから」という論理があります。もう一つは、「日本一国では守れないので、他国の協力が必要だ。そのためには日本も他国に協力しなければならない」という論理です。どちらの論理にも、それなりの理由が感じられますが、そこをもう少し掘り下げてみましょう。果たしてそれは可能なのかどうか、そして、それを実際に使った場合、どのような副作用が出るのでしょうか。

（1）中国は日本にも乱暴をするか？

最近中国は、ベトナム沖で石油の掘削を行い、海軍の艦艇七隻を含む八〇隻の船を出してベトナムを威嚇しました。フィリピンに対しても、フィリピンが実効支配している島に補給物資を運ぶ船の航行を妨害するなど、南シナ海における傍若無人ぶりは目に余るものがあります。このようなことを許していては、東シナ海や尖閣でも同じことをしてくるかもしれないという心配はあります。「明日は我が身」という心配はもっともなことだと思います。また、中国との戦争になれば、とても日本だけで太刀打ちできないのだから、アメリカの助けが必要です。そのために、アメリカが困った時には助けておかなければならないと考えるのも理解できないわけではない。

しかし、この論理には疑問もあります。今日ベトナムやフィリピンで起きているのと同じことを中国が日本にもしてくるだろうか、という疑問が一つ。なぜなら、ベトナムは、陸軍はそれなりの規模を持ち、かつてアメリカや中国との戦争にも負けなかったのですが、海軍力は弱い。フィリピンも、これまでの軍隊の主任務は国内の武装勢力を相手にした内戦でしたから、海軍力はほとんどないに等しい。一方、日本は、多少減ったとはいえ、防衛費の規模は世界で六〜七番目、特に海上自衛隊は、空母こそ持っていませんが世界有数の海軍として高い作戦能力を持っている。これは、中国としても迂闊に手出しはできないと思います。尖閣については、海上保安庁が全力でガードしている。日本の巡視船は、やたらに相手に体当たりするような乱暴なことはしませんが、同様に中国も、領海は時々侵しに来るものの、日本の巡視船を実力で排除するような行動には出ていません。

さらに動機の面から見れば、南シナ海は海底資源が豊富です。だから、中国は、深海でも作業ができる最新のオイル・リグを建造して、これをベトナム沖に持って行ったのです。

一方、東シナ海にもガス田があって中国が試掘をしていますが、その場所は、日中の中間線の北側に限定しています。中間線の南、すなわち日本側に存在する天然ガスも吸い取られるとして日本が抗議し、一旦は共同開発で合意したこともありました。いずれにせよべトナムと違うところは、中国は琉球列島に近い大陸棚まで自分の権益であると主張していながら、実際の行動は日本が主張する東シナ海の中間線までしかやっていないということです。このように中国は、相手を見て、弱いと思えばつけ込んでくるけれども、ある程度の力があると思えばそれなりに自制をする戦術をとっているわけです。だから、ベトナムやフィリピンに対してやっていることを日本にもやってくるというほど短絡的ではない。

(2) アメリカは守ってくれないか?

次に、アメリカが助けてくれるためにアメリカを守るという考え方です。アメリカは日本の同盟国です。日米安保条約から言えば、日本がアメリカ軍に基地を提供し、アメリカは極東の平和維持のために行動し、日本が攻撃されれば共同して日本を守るという義務を負っています。加えて日本は、アメリカの駐留経費の大部分を負担しています。日本が条約上の義務以上の約束を果たしている以上、アメリカにも日本防衛の義務を果たしてもらうことは当然です。だから、安保条約上は、アメリカが自国の船を守らなければ日本を守らないと主張することはできません。今年四月に来日したオバマ大統領も、「尖閣は日本の支配の下にあるのだから、安保条約の防衛の対象になる」と明言しました。もちろん、アメリカの軍艦を守れという条件はつけていません。これは条約上当然のことではありますが、大統領の言葉ですから、それだけ重い。オバマさんは、日本の集団的自衛権の行使を歓迎してはいますが、日本を守る義務を果たすための条件ではないのです。仮にアメリカが、日本がアメリカを守らなければ日本を守らないというのであれば、安保条約の改定を主張しなければなりません。

実態面で考えてみても、日本がアメリカのアジア政策にとってなくてはならない存在であることは、案外、日本がアメリカを必要としている以上にアメリカにとって重要なことかもしれません。それは何よりも、日本が昔はソ連、今は中国というアメリカの仮想敵、まあ、今は仮想敵とは言わずに「アメリカに挑戦するかもしれない国」ということですが、その目の前にあるという地理的な位置が重要だからです。日本を根拠地にすれば、アメリカはそれらの国を直接攻撃することができる。また、日本は先進国ですから、空母でも戦闘機でも、いちいちハワイまで帰らなくても日本で修理も補給も休養もできる。これは、軍事的には大変な利点となります。ハワイに往復するためにかかる約一カ月という期間を節約できる、ということは、それだけ船の稼働率も上がり作戦の効率がよくなることを意味しています。アメリカが、日本の基地を手放すことは軍事常識から見てあり得ないことだと思います。そのために、沖縄の人々は大きな苦労を強いられていますし、嘉手納基地のある沖縄だけでなく、青森県の三沢、東京の横田や山口県の岩国といった米軍の航空基地を取り巻く広大な空域は米軍が管理していて、普通の民航機の飛行にも影響を与えています。日本が基地を提供しているということは、アメリカにとって大変な利益を与えています。さらに、そこで働く従業員の給料も含めて、日本がお金を出してやっているのですから、日本は堂々と、「日本を守れ」と要求できるのです。

アメリカにとって日本のメリットはそれだけではありません。旧ソ連や中国といった挑戦者との競い合いの焦点は何と言っても海上優勢、つまり「海をどちらがコントロールするか」にあります。海は、通商のためのルートであるばかりでなく、相手に接近して攻撃するためのルートでもあります。航海技術が発達していなかった昔は、海は天然の防壁でした。しかし今日、海は空母から攻撃機が発進する、巡洋艦から巡航ミサイルを発射する、原子力潜水艦が潜んで相手の領土に核ミサイルを撃ち込むための舞台になっています。アメリカと中国は、太平洋をはさんでいますから、太平洋の海上優勢が問題になります。地図を見れば、日本列島は中国海軍が太平洋に出ていくための関門になっていることがわかります。いざとなったら、日本列島の間を通り抜ける中国海軍を、日本の基地から存分に攻撃できる。それゆえ、日本の存在はアメリカにとって戦略的に重要なのです。

朝鮮半島の有事を考えても、日本の基地は攻撃の拠点にもなるし、アメリカ本国から来援する軍隊や補給物資を受け入れるために一番よい位置にあり、日本にはそれを支援する十分な能力があります。

ちなみに、そういう日本に対してアメリカが軍事的に求めることは、軍事拠点となる日本の国土そのものと来援のルートとなる日本周辺の海域を日本自身がしっかり守ること。これが最も基本的な要求です。だから自衛隊は、個別的自衛権を使ってその役割を果たそうとしてきたのです。

「集団的自衛権を使う」とはどういうことか

では、ベトナムやフィリピンが日本に助けを求めた場合、日本は、どんな風に助けることができるのでしょうか。自衛隊を送って中国と戦うことは不可能ではない。しかし、南シナ海では、地の利は圧倒的に中国が有利です。戦闘機の戦闘行動半径はせいぜい一〇〇〇キロで、日本からでは届かない。戦闘艦艇も、燃料や弾薬が切れるたびに日本に戻ってきたら、とても戦争にはなりませんから、それらの国に基地を提供してもらい、拠点をつくっておかなければなりません。同時に、日本は東シナ海で中国とにらみ合っているわけですから、こちらの守りを手薄にすれば、逆に日本自身、特に沖縄が中国から脅かされてしまうというジレンマがあります。これでは、「明日は我が身」どころか、ベトナムやフィリピンの身代わりになって災いを呼び込んでしまうことになる。そうならないようにしながら他国を防衛するためには、日本防衛用の自衛隊のほかに、他国防衛用の自衛隊をもう一つ作らなければなりません。それが可能なら、この方式も成り立ちます。

海上自衛隊の場合、イージス艦を含む八隻で構成される「護衛隊群」という作戦単位があります。これで、対空防御、対潜水艦防御、対水上艦防御を分担しています。日本防衛用にすでに四つの護衛隊群があります。船は、毎年の検査点検と数年に一度の大規模な修理のため港に停泊したりドックに入れなければなりません。その期間は船の寿命の中で三分の一以上を占めています。修理・点検が終わると、その間陸の上で待機していた乗員の訓練をしなければなりません。その期間が約三分の一。そうすると、すくなくとも戦闘ができるレベルにある船の数は全体の三分の一を下回ります。そのため、いつでも最高レベルの作戦ができる護衛隊群を最低一つは確保するために、四つの護衛隊群が必要になるという計算です。一隻一四〇〇億円のイージス艦二隻を含む八隻の艦隊を建造するには一兆円かかります。四つの護衛隊群でしめて四兆円、その半分を他国防衛用に追加するとして二兆円かかります。さらに、戦時ともなれば、長大なシーレーンにいる日本関係船の安全を守るためにあと二個群は追加したいところです。しめて四兆円。これに加えて、戦争になれば一発数千万円のミサイルを大量に消費しますからその補充のために数百億円、人件費は、一隻平均二〇〇人として一個護衛隊群に一六〇〇人、手当や訓練費用も含めて一人年間二千万円かかるとして数百億円、それに、船の整備のための部品などもかかりますので、他国防衛やシーレーンに派遣する艦隊を追加するためには、初度経費四兆円、維持費が年間数千億円となります。航空自衛隊の場合、大まかに言えば、戦闘機一機に搭載武器や部品を揃えるのに一五〇億円かかります。日本防衛に二三〇機ありますから、その半分近い一〇〇機を他国防衛と日本防衛の両面で追加すれば一・五兆円です。これに、一人五億円と言われるパイロットの養成費、整備や支援要員の人件費が加わります。加えて、自衛隊が拠点化した他国の基地の防空のためのペトリオットミサイル部隊を増強しなければばなりません。一部隊に一〇〇〇億円として、約五〇〇〇億円。

(1) アジアの国を守れるか

さて、そこで実際の戦い方ですが、現在、数的には中国軍が上回っていますが、技術面では自衛隊の方が進んでいると見られています。しかし、戦闘技術の面の差はやがてなくなるでしょう。つまり、数的に優勢で同等の能力を持った敵との戦いを前提に考えておく必要がある。この場合、軍事的に言えば、日本はベトナムやフィリピンを直接防衛する方法と、中国の海軍基地に近い利点を生かして、直接中国国内の基地を攻撃するやり方があります。一種の先制攻撃ですが、そのほうが相手に与える損害は大きい。真珠湾攻撃と同じやり方です。しかし、専守防衛に徹してきた日本には敵基地を攻撃する能力やノウハウはありません。また、仮に中国沿岸部の基地を攻撃したとしても、内陸から別の部隊が展開してくる。それらの部隊によって日本が報復攻撃を受けるという新たなリスクが伴います。ですから、中国のような国土の懐が深い国を相手に先制攻撃で決着をつけることは、事実上不可能でしょう。中国のような大国との戦争には、南シナ海の現場に戦場を限定しながらお互いに消耗を繰り返す長期戦を覚悟しなければなりません。消耗というのは、船や飛行機を失うことですが、同時に、人員の損耗、すなわち「戦死者」や「戦傷による障害者」が出ることを意味しています。

そんなことを日本一国ではできない。だからベトナムもフィリピンも、日本ではなくアメリカにそれを期待しています。日本には、そのアメリカを支援することが求められている。ところが、ベトナム、フィリピンでも、アメリカの腰は重い。アメリカは、言葉では中国を非難するものの、今の段階ではまだ軍隊の出番ではないとして静観しています。中国も、そのアメリカの足元を見透かしたように、戦争となる一歩手前のところで引き上げる。アメリカが本気で介入せざるを得ない軍事衝突には持って行かないところで、少しずつ自分勝手な実績作りを積み重ねているのです。アメリカは、当然、アジアの特定の国を助ける能力はあります。一方、アメリカにとってはイラク・アフガン戦争で疲弊した軍隊と財政の立て直しが最優先課題ですから、アジアでの戦争を望んでいない。それが、中国の強硬な行動を防げない一つの要因にはなっていると思います。おそらく、軍同士の直接的な衝突がなければ、アメリカは出てこないだろうと思います。衝突があっても、いきなり戦闘に介入する以前に、外交的に拡大防止の手立てを講じてくる。それが今、中東やウクライナでアメリカが実際にやっていることでもあります。

結局のところ、仮にアジアの国が助けを求めたとしても、アメリカが本気で動かなければアジアの国を守ることはできない。そのアメリカが、容易には軍事介入したいと思っていない。つまり問題は、アメリカの軍艦を日本が助けようとしても、その軍艦がなかなか出てこないという現実があるわけです。それは、アメリカの能力が足りないのではなく、意志が足りないということです。

(2) アメリカの意志を補完できるか

では、日本はそれを補うことができるのか。アメリカが、「これ以上は許さない」拡大防止の切り札として空母艦隊を派遣するとしたら、自衛隊が周辺の潜水艦を探知して空母部隊の防衛を手伝うくらいのことはできる。つまり、アメリカが「空母が危ないから出ない」と言うのであればそれを守ることによってアメリカの行動を促すことはできる。しかし、空母というのは、アメリカの海上優勢の象徴です。空母を出すということは、攻撃すれば全面戦争も辞さないという意思表示の意味を持っています。その空母が危ないということは、それだけでアメリカの海上優勢が失われていることでもあります。そうであるなら、「余程のことがなければ戦争しない」というアメリカの意志を補うことはできないでしょう。ここには、二つの大きな戦略の問題が隠されています。ひとつは、中国を抑止すると言っても、何を抑止するのかという「戦略目標」の問題です。日本は、中国の軍事力の拡張を相殺するだけのアメリカのプレゼンス（存在）を求めている。一方、アメリカは、中国が直接アメリカに挑戦することがないよう軍事的優位を保ちながら、同盟国や周辺国に対しては、中国による一方的な現状変更を独力で阻止する力を持ち、いざというときにアメリカ艦隊のアクセスを受け入れるように求めている。戦略目標が違っているのです。その中で、アメリカは、周辺国との関係で中国がどこまでやれば介入すべきかを迷っている。アメリカが自国の死活的国益を「海洋の自由」としながら中国とその周辺国の間の領有権争いには中立の立場をとっている背景には、世界のどこかの地域でアメリカを凌駕する覇権国の台頭を許さない超大国としての国益と同時に、他国の戦争に自動的には巻き込まれたくない選択の自由を維持したい国益が絡み合っているのだと思います。そこで、日本がアメリカの船を助けるから軍事介入をして欲しいと望んだところで、その程度の条件でアメリカが必ず出てくるという保証はない。

もう一つは、中国が経済成長して軍備を増やす、そのこと自体は誰も止めようがありません。そして、中国は、軍隊だけでなく「海警」など警察機関の大型船も増強してアジア諸国に圧力をかけてくる。領有権争いのある岩礁の周りを自分の海だと主張することによって間接的に岩礁の支配をアピールしようとしています。つまり、軍隊を出して島を直接取りに来るというよりも、動物が自分の縄張りを示す一種のマーキングですね。これは、戦争ではないわけですからアメリカもなかなか軍事的な対応ができない。軍事的な抑止ができないということです。こうした行為にアメリカの抑止力だけに頼って対抗していくのか、それとも抑止力以外の選択肢をどのように使っていくのかという、「戦略手段」の問題があります。少なくとも抑止が効きにくいわけですから。

中国との領有権問題を抱えるアジア諸国は、自国の海上警備能力を強化するとか、国際海洋裁判所に訴えるとか、あるいはＡＳＥＡＮ（東南アジア諸国連合）に中国を加えた国際会議の場で平和的解決のためのルール作りをしようとしています。アメリカも日本も、こうした動きを支援しようとしています。アメリカは、中国との戦略対話を継続して、中国に海洋における国際ルールを守るよう教えようとしています。今年四月、中国の青島で開催された西太平洋海軍シンポジウムでは、公海上における不意の遭遇における共通の手順が合意されました。ＣＵＥＳ（Code for Unplanned Encounters at Sea）と呼ばれるこの合意は、強制力はありませんが、公海やその上空で軍艦や軍用機がたまたま遭遇した場合に、相手に武器を向けないこと、演習中か移動中かなど、状況を伝える信号の方法や交信のやり方などを定めたもので、中国が初めて同意することによって成立したものでした。これには、アメリカ、日本、中国を含む二一カ国の海軍首脳がサインしました。これは、領海内には適用されず、また、アジア地域の海の大半を占める排他的経済水域（ＥＥＺ）内での軍事行動に対する意見の相違は残されたままですが、少なくとも、軍艦同士が共通の行動基準を持つことによって、意図せざる衝突を防ぐ有力な手段となることが期待されています。これらの動きは抑止力ではなく、危機管理です。つまり、最後の手段としての抑止力だけでは現実の問題は解決しないことを全ての国が理解し、政治的な解決の方法を模索しているわけです。

これは、アジアにおける国際関係の大きな流れですから、日本としても、米軍を助けるための抑止力を喧伝するよりも、ルール作りの努力に本腰を入れて取り組むことが求められているのだと思います。アメリカがアジアの問題を解決しようとする意志を補完するのであれば、こちらの方が必要でしょう。

（3）米中戦わば

抑止は万能ではないということです。それでも、ルールを作って行く作業には時間がかかります。だから、抑止がいらないわけではない。ただし、問題は、上に述べたとおり何を抑止するのか、何を抑止できるのかということです。中国の軍拡は止められない。中国が警察機関を使って自分の縄張りを主張する行為も、度を越さない限りは軍隊の出番はない。そうすると抑止の対象は何かと言えば、中国による軍事力の行使です。日本が単独でこれに介入することは不可能ですから、アメリカがいよいよ重い腰をあげて軍事力で対抗しようとした時に、日本が何をするのか、それによってどのような結果が予想されるのかということが問われなければなりません。

では、米中間でどのような戦いが想定されるのでしょうか。今日では、米中間で全面戦争が起こることを予想する人はいません。両国があまりにも深く経済的に結びついており、また、米中の全面戦争が、核を使わないとしても世界経済を破滅させることは誰の目にも明らかです。米中の全面戦争には、勝者はいないのです。アメリカが中国に対して武力を使わなければならないと決心するのは、二つのケースが考えられます。一つは、先にも述べたとおり中国がアジアのどこかの国に武力攻撃をした場合です。もう一つは、海上で、両国の軍艦がにらみ合っているうちに一方が攻撃してしまうという「摩擦的な」衝突の場合です。

第一のケースでアメリカがとり得る手段としては、①外交的に中国を非難して事態の終結を求める、②攻撃された国に武器を提供する、③中国軍を牽制するために空母機動部隊を派遣する、④攻めてきた中国軍と直接戦闘する、といったことが考えられます。しかし、占領された地域を奪回するために海兵隊などの地上部隊を派遣する、さらには中国本土の基地を攻撃するという手段は、軍事的には合理性があってもなかなか使えるものではありません。それは、中国との全面戦争にエスカレートすることになる可能性が高いからです。

同時に考えなければならないことは、全面戦争にならないように、どうやって中国軍をあきらめさせるかということです。これは、一種の神経戦です。そうすると、アメリカがとり得る最強の軍事行動としては、中国軍を牽制し、場合によっては中国艦や中国機を攻撃する構えをもって空母機動部隊を戦闘地域に派遣することでしょう。それによってアメリカが本気であることを示し、中国に自制を促す。もちろん、中国軍の船や航空機をやっつけることは可能です。だが、それをやってしまえば収拾がつかなくなるおそれがある。

中国軍が米空母部隊に攻撃を仕掛けてくれれば、そのときはアメリカも戦うでしょう。そのやり方としては、まずは襲ってきた敵を撃ち落とすこと、それでも中国軍が繰り返し攻撃してくるような場合には、中国の基地を攻撃することもあるかもしれません。しかしそれは、中国本土への攻撃ですから戦線拡大のリスクを伴います。中国本土への攻撃に沖縄の基地が使われれば、沖縄がミサイル攻撃にさらされる可能性もある。

これが戦争のシナリオです。そうすると、日本としては何をすべきでしょうか。もちろん、アジアの国を防衛する米軍に対するさまざまな後方支援や情報の提供はしなければなりません。日本の周辺を通るアメリカの空母部隊が攻撃にさらされないように潜水艦の探知もするでしょう。そして何より、中国からの攻撃に備えて、沖縄や日本全体の守りを固めなければなりません。実はここまでは、従来の個別的自衛権でもできることです。問題は、米空母部隊が攻撃されるときに、それを守るかどうかということです。空母を守るために自衛隊が中国の潜水艦を攻撃したり中国軍のミサイルを迎撃すれば、日本が中国と交戦状態に入ることになります。基地を提供しているだけでも報復攻撃を受けるリスクがあるのですから、交戦状態に入れば、日本全土が攻撃の対象となるでしょう。もちろん、アメリカの覇権の象徴である空母を守るということは、アメリカ本土を守るくらいの重要な課題です。しかし、中国にしてみれば、アメリカ本土を攻撃するには全面戦争の覚悟が要る。日本の基地に限定すれば、日米の攻撃に見合った反撃という言い訳もできる。つまり日本にとって集団的自衛権によって米空母を守るということは、中国との戦争を辞さない覚悟が要る、ということなのです。

では、第二のケース、すなわちアメリカと中国海軍の軍艦が日本の周辺で突発的に撃ちあいになったようなケースではどうでしょうか。考えられるのは、双方とも自制して拡大させないようにすることです。アメリカの情報収集機が海南島の近くで中国の戦闘機に衝突され不時着して乗員が拘束される事件がありました。このときも、双方は外交ルートを通じて問題を解決しています。これは平時の話が前提ですから、米中双方とも準備ができていない段階でいきなり戦争にエスカレートすることが望ましいわけではない。もちろん例えばアメリカの船が沈められるような一方的な被害が出た場合には、アメリカは限定的な報復措置をとる可能性もあります。また、世論が沸騰して何らかの対応をとらざるを得ないことも考えられます。中国の方に被害が出た場合でも同じです。その場合には、第一のケースと同様の事態に発展する可能性はあります。そしてここでも、仮に自衛隊が米艦を守るとすれば、事態拡大に備える覚悟が必要になることは言うまでもありません。だから双方とも、こうした突発的な事態が発生しないように、上に述べたＣＵＥＳのような危機管理のルールを作ろうとしているわけです。

（4）「抑止力だから戦争はしない」という論理

安倍首相の発言もそうですが、集団的自衛権を使えるようにしたい人たちの主張に共通しているのは、「抑止力が高まるので戦争にはならない」という論理です。特に、ともにアメリカの同盟国である日本とオーストラリアが集団的自衛権によって共同作戦を行えるようになれば、南シナ海を南北から抑え込む形ができて中国を抑え込むことができるという発想です。これは、なかなか魅力的な絵柄だと思います。仮に、中国がそれによって「これではかなわない」と思って抑止されるならば、という前提つきの話ですが。

既にみてきたように、中国がベトナムやフィリピンに対して行っているような海軍ではなく強力な巡視船を出して自分の権益を主張する行為に対しては、アメリカでさえ軍事的な対応ができていません。つまり、中国は抑止されていない。これは、日本やオーストラリアが同盟関係を結んだところで、それはあくまで軍隊同士の対決を前提としていますから、軍事力の行使ではない行為を抑止できないのは同じです。

日本とオーストラリアが、戦闘を想定した共同訓練ができるようになるというメリットがあるとも言われますが、中国という軍事大国を相手とする以上、アメリカが出てこなければ両国の力だけでは戦争にはなりません。オーストラリア海軍の規模は、自衛隊よりもはるかに小さいのです。この場合アメリカは、日本とオーストラリアから支援を受けられることにはなります。また、日本とオーストラリアが同盟国となれば中国が日本を敵に回すことはオーストラリアも敵に回すことになるという効果はあるかもしれません。ただ、オーストラリアにとっても最大の貿易相手国である中国と対立することはできれば避けたい。また、日本とオーストラリアはすでにアメリカの同盟国ですから、アメリカにとっては日豪同盟ができたからといって具体的な便宜が増すわけではありません。

これがアジア全体に広がれば、中国に対する圧力にはなるでしょうが、アジアは多様な地域で、中国との関係も国によってまちまちですから、政治的にも軍事的にも、アジア全体の対中包囲網ができる見込みはありません。アメリカもまた、複雑なアジアの国同士の争いに自動的に関与することになりかねない多国間の軍事同盟を本能的に嫌いますし、「中国包囲網」という言葉を使わないようにしています。そうすると、日米豪の集団的自衛権による結びつきを強めたとしても、具体的効果は期待できそうもありません。つまり、具体的なメリットはあまりない。

一方で、具体的なデメリットは計算可能です。それは、中国と実際に対決することになった場合、オーストラリアは中国のミサイルの射程外ですが、日本は射程の中にあって、真っ先に攻撃されるリスクがあるということです。これに対して、「いや、抑止力を高めれば戦争にならないのだからそんな心配は無用だ」という反論があるかもしれません。しかしそれは、抑止力の本質を知らない議論だと思います。抑止力とは、相手を撃退する能力を持ち、いざとなればそれを使う意志を示すことで相手を抑え込む力ですから、「戦争にはならない」などと呑気なことを言っていたら、そもそも抑止力ではありません。また、戦争になっても日本はその時の都合で判断するから、必ずしも巻き込まれることはない、という言い方もしますが、それではそもそも信頼性のある同盟関係が成り立ちません。つまり、ひとたび集団的自衛権を解禁し、アメリカやオーストラリアと防衛協力を強化する約束をすれば、日本だけ都合が悪いと言って参加しないわけにはいかない。それが、集団的自衛権を持つことの意味であり、そのために日本人が覚悟しなければならない本質的な課題なのです。こうしたことを理解しないで、あるいは意図的に隠して「集団的自衛権を使えるようにすれば日本はもっと平和になる」などと言うのは、政治的なプロパガンダであって、安全保障の議論としてはあり得ないものだと思います。最悪の事態に備えることが安全保障の基本です。そこは、安倍さんの言う通りです。そして最悪の事態とは、集団的自衛権を使うことによって日本が敵国となり、攻撃されることではないでしょうか。これは、誰でも常識的に考えられるリスクでしょう。その点に触れないまま、「中国が抑止されるから日本が平和になる」などといった自分勝手な理屈を並べたところで、日本の安全には何の役にも立ちません。

あとがき

私は約四〇年間、防衛官僚として仕事をしてきました。退職してから五年がたちます。この五年の間にも、政権交代が二回あり、中国・韓国との関係が悪化しています。今日もまた、「イスラム国」に対する米軍の爆撃のニュースが伝えられています。世の中は心配ごとの方が多くなっている。私は、官邸勤務の間に二度、「防衛計画の大綱」を作る仕事をしてきましたが、今日の状況を見れば、それが世界の平和や日本の安全に役立っていたのだろうか、率直に反省せざるを得ません。一番の反省点は何かと言えば、世の中の流れの本質を正確に理解できていなかったことだと思います。つまり、日本がどのように生きていけばよいのか、真剣な格闘が足りなかったのだと思います。給料をもらいながら仕事として安全保障を考えてきた人間がそのようなことでは誠に申し訳ない。何とかしなければいけない、というのが、私を動かしている最大の動機だと感じています。

その中で、今日の安倍政権による集団的自衛権解禁の議論を聞いていると、一体何をしたいのか、日本人が乗ったアメリカの軍艦を守ってやることが、どうやって世界の平和につながって行くのかが分からない。安倍さんに言わせれば、「強ければいいんだ」ということだとは思いますが、それで日本は本当に強くなれるのか、いつまで強くあり続けることができるのか、強いだけで問題は解決するのか、といった疑問がいっぱいです。必然性のない政策、身の丈に合わない背伸びした政策に持続性はありません。持続性のない政策は、アベノミクスもそうかもしれませんが、いずれ破たんします。

私より世代の若い専門家は、あっさりと、「集団的自衛権、そりゃ手段として持っていた方が、ないよりはいい」という反応を示す場合が多い。しかし、長年にわたって、アメリカはどう考えるのか、自衛隊はどのようにして動くのかといった実際を見てきた私としては、自衛権というものは敵との戦いを前提としたものですから、「車の免許を持っていた方が何かと便利」という程度の軽い気持ちで使えるものではないことを、身にしみて分かっているつもりです。それは、集団的自衛権でなくとも、個別的自衛権でも同じことです。それなりの覚悟が要るということですね。

それが、なぜ伝わらないのだろうか、どうすれば分かってもらえるのだろうかということに心を痛めています。経験し苦悩しなければ分からないことかもしれません。一方では、自分の経験や苦悩はあくまで自分のものであって、若い人たちにはそれぞれの人生も価値観もあって当然だと思います。人生にも、安全保障にも、ただ一つの正解はないのでしょう。しかし、こと戦争に関して言えば、経験しない方がいいに決まっている。というより、絶対してはいけない。そんなことを考えながら、思いつくままに自分の気持ちを率直に話してきました。

できるだけ「専門用語」や複雑な論理を避けて話したつもりですが、しょせん私の考え、私の人格の表われですから、分かりにくいところ、あるいは共感できないところがあるだろうと思います。読者の皆さんのご批判によって、私自身の考え方を深めて行けたら、それは私の人生が豊かになることですから、これにまさる幸せはありません。

２０１４年秋

柳澤　協二

柳澤 協二（やなぎさわ・きょうじ） １９４６年東京生まれ。７０年東京大学法学部卒業、防衛庁（当時）に入庁。防衛審議官、防衛庁長官官房長などを経て、２００２年防衛研究所所長。０４〜０９年まで、小泉、安倍、福田、麻生政権で内閣官房副長官補（安全保障・危機管理担当）。現在、ＮＰＯ法人「国際地政学研究所」理事長。著書『亡国の安保政策—安倍政権と「積極的平和主義」の罠』『検証 官邸のイラク戦争—元防衛官僚による批判と自省』（以上、岩波書店）『抑止力を問う』（共著、かもがわ出版）他

自分で考える集団的自衛権
——若者と国家

2014年10月25日　第1刷発行

著者　柳澤 協二

発行所　株式会社青灯社
東京都新宿区新宿 1－4－13
郵便番号 160－0022
電話 03－5368－6923（編集）
　　 03－5368－6550（販売）
URL http://www.seitosha-p.co.jp
振替　00120－8－260856

印刷・製本　株式会社シナノ

ISBN978-4-86228-076-3 C0031

小社ロゴは、田中恭吉「ろうそく」（和歌山県立近代美術館所蔵）をもとに、菊地信義氏が作成